全国高等职业教育"十三五"规划教材

高等职业教育工学结合一体化规划教材

首饰工艺

主编 范 泽 胡 宪 严 忠

副主编 范 鹤

黄河水利出版社

·郑州·

内 容 提 要

首饰工艺是对各种首饰材料依据设计进行加工,形成成品的所有工艺的统称。本书依据首饰加工工艺主线,从首饰材料、首饰绘图设计、首饰制作的流程加以阐述。首饰材料部分以常见的贵金属材料为主,重点阐述金、银、铂族金属及其合金的性质;首饰设计部分以手绘和计算机绘图表现技法为重点,通过手工和计算机绘图设计出首饰作品;首饰制作部分以失蜡浇铸工艺和手工制作为重点,将设计成果转化为首饰饰品。

本书根据高等职业教育特点和高职学生的特点编写,简练、实用、适用。本书图文并茂,言简意赅,易于理解,方便操作,讲授内容能与学生就业的工作岗位恰当衔接,学以致用。

本书可作为高职高专院校的首饰工艺课程教材,亦可供给首饰生产单位、培训单位、营销单位和广大首饰制作爱好者参考使用。

图书在版编目(CIP)数据

首饰工艺/范泽,胡宪,严忠主编. —郑州:黄

河水利出版社,2019.8
全国高等职业教育"十三五"规划教材
高等职业教育工学结合一体化规划教材
ISBN 978 - 7 - 5509 - 2442 - 0

Ⅰ.①首⋯ Ⅱ.①范⋯②胡⋯③严⋯ Ⅲ.①首饰 -
生产工艺 - 高等职业教育 - 教材   Ⅳ.①TS934.3

中国版本图书馆 CIP 数据核字(2019)第 134047 号

策划编辑:陶金志   电话:0371 - 66025273   E-mail:838739632@ qq. com

出 版 社:黄河水利出版社   网址:www. yrcp. com
   地址:河南省郑州市顺河路黄委会综合楼 14 层   邮政编码:450003
发行单位:黄河水利出版社
   发行部电话:0371 - 66026940、66020550、66028024、66022620(传真)
   E-mail:hhslcbs@ 126. com
承印单位:河南匠心印刷有限公司
开本:787 mm×1 092 mm   1/16
印张:14.25
字数:350 千字   印数:1—1 000
版次:2019 年 8 月第 1 版   印次:2019 年 8 月第 1 次印刷

定价:49.00 元

《首饰工艺》
编审委员会

前 言

本书从首饰加工工艺的角度,系统介绍了首饰材料、设计、制作的全过程,充分考虑到首饰工艺的知识性和实践型,首饰材料以理论为主,首饰绘图设计和首饰制作以操作为主,是理论和实践相结合的教材。

首饰材料选择了市场上常见的金、银、铂、钯及其合金,阐述它们的性质、识别特征、加工性能等;首饰绘图设计是首饰制作的基础,传统的手工绘图设计和现代计算机绘图设计都有介绍,尤其是计算机绘图设计与3D打印技术的结合,是当前首饰设计的主流;失蜡浇铸工艺是首饰企业规模化生产的主要工艺,流程介绍比较详细,首饰手工制作是首饰生产不可或缺的环节,也是首饰行业需求量大、技术水平要求高的技术岗位。

本书的编写尽量做到学以致用,书中插入了大量的图片,便于读者理解首饰生产实际情况,与首饰生产岗位相衔接。通过本书的学习,能对首饰制作工艺过程有比较全面的了解,并能掌握首饰制作相关的基本技能。

本书共三篇十三章,第一篇(六章)为贵金属材料,包括首饰常用的贵金属金、银、铂族金属及其合金;第二篇(两章)为首饰绘图设计技法,分为手工绘图和计算机绘图;第三篇(五章)为首饰制作,主要介绍失蜡浇铸工艺和手工制作。本书第一篇由辽宁地质工程职业学院胡宪编写;第二篇由辽宁地质工程职业学院严忠编写;第三篇第九章至第十二章由辽宁地质工程职业学院范泽编写,第十三章由沈阳工业大学范鹤编写。本书由范泽、胡宪、严忠担任主编,由范鹤担任副主编。

本书的编写得到了企业及同行的大力支持,山东赛菲尔珠宝有限公司的李艳辉对编写大纲提出了宝贵意见,黑龙江省珠宝玉石质量监督检验站的徐佳佳和高波对本书第一篇进行了校稿,沈阳市化工学校的姚浩研和吴家鑫对本书第二篇进行了校稿,沈阳萃华金银珠宝有限公司的刘志阳和丹东祥源珠宝有限公司的段国辉对本书第三篇进行了校稿,黄河水利出版社为本书出版做出了辛勤工作,在此向他们表示衷心感谢。

由于作者水平有限,书中若有不之处,恳请业内人士多提宝贵意见,我们一定虚心接受。在教材编写过程中,参考和引用了一些专家、教授、学者、同行的专著、论文内容和实操制作场景图片,在此向他们致以诚挚的感谢。

编 者

2019 年 4 月

目　录

第二篇　首饰绘图设计

第三篇　首饰制作

第一篇　贵金属材料

第一章　概　述

贵金属材料是珠宝首饰及工艺品的主要基础材料,现代珠宝业的发展,迫切需要发展贵金属材料,特别是高强度、高韧性、密度小、硬度高、耐腐蚀、抗氧化以及具有各种特殊物理化学性能的贵金属合金材料,研究和发展新的首饰贵金属材料及其加工工艺成为重点。

贵金属的发现和发展是人类文明发展的一个很好的表征。在贵金属中,金和银是最早被人们发现并被利用的金属,而黄金的开采又早于白银。早在公元前 4 000 年,埃及人就已经懂得如何采集黄金,并广泛应用于生活中。在所有金属中,黄金之所以被人类最早发现和利用,首先,在自然界中的黄金能呈自然金状存在而且分布广泛,相对于其他贵金属而言,它的采集工艺要简单很多。其次,金还具有独特的化学性能和物理性能,在自然界中抗氧化能力特别强。再者,金独有的光泽在大自然中极易被人们发现。

一、贵金属的概念

贵金属是指有色金属中密度大、产量小、价格昂贵的金属。

根据金属的物理性质和化学性质以及在自然界中的储存量,到目前为止已知的贵金属有金(Au)、银(Ag)、铂(Pt)、钯(Pd)、铑(Rh)、铱(Ir)、锇(Os)、钌(Ru)。这八种元素又可以分为金、银、铂族金属。铂族金属包括铂、钯、铑、铱、锇、钌。而铑、铱、锇、钌这四种元素又被称为稀有铂族元素。

金、银及铂族金属之所以称为贵金属,主要是由它们独特的物理、化学性质及在地壳中的含量稀少所决定的。贵金属在高技术产业中的作用不同凡响,声名鹊起,因而又被人们称为"现代工业维生素"和"现代新金属"。

二、地壳中贵金属的含量与存在形式

在地壳中,贵金属的含量极少,而且分散。在自然界中,贵金属常以化合物或自然金属状态存在。铂族金属通常存在于基性和超基性火成岩中,有时也发现于与花岗岩有关的矿物之中。贵金属在自然界中含量甚微,地壳中的平均含量很低(见表1-1),即使某些富矿,其实际含量也不高,除银(可达 1 000 g/t)外,一般多为 0.1 ~ 10 g/t 或更低。贵金属在自然界中多以颗粒状的自然金属或以化合物的形态分布于矿床中,其次以类质同象形式分布于某些矿物中。贵金属不仅含量少,而且分布极不平衡,世界上为数不多的大型矿藏都集中在

少数几个国家。但小型资源分布很广,特别是零星的金矿可以说是遍布全球,因而造成开采成本高、价格贵。

表1-1 贵金属在地壳中的平均含量

元素	银	钯	铂	金	铑	铱	钌	锇
含量(g/t)	0.1	0.01	0.005	0.005	0.001	0.001	0.001	0.001

三、贵金属的发展历史与现状

贵金属(特别是金和银)的发现和发展历史悠久。公元前,金和银就已开始生产和使用。相比之下,铂族金属生产和使用较晚,1557 年才有铂的记载。铑、钯、铱和锇发现于1803 ~ 1804 年,约 40 年后的 1844 年才发现了钌。贵金属的发现人和发现时间见表1-2。

表1-2 贵金属的发现人和发现时间

贵金属	发现时间	发现人	元素符号意思
金 Au	公元前		灿烂(拉丁)
银 Ag	公元前		白色
铂 Pt	1735 年	西班牙安东尼奥·乌落阿(Antonio de Ulloa)(发现)	稀有的银(西班牙)
	1748 年	英国华生(W. Walson)(确认)	
钯 Pd	1803 年	英国沃拉斯顿(W. Wollaston)	行星"PAuas"名
铑 Rh	1803 ~ 1804 年	英国沃拉斯顿(W. Wollaston)	玫瑰(希腊)
铱 Ir	1803 ~ 1804 年	英国坦南特(S. Tennant)	虹(拉丁)
锇 Os	1803 ~ 1804 年	英国坦南特(S. Tennant)	气味(希腊)
钌 Ru	1844 年	俄罗斯克劳斯(K. Knayc)	俄罗斯(拉丁)

大量历史文物资料证明,我国古代的先人们就熟知金和银,商代以前就有了黄金的淘洗方法。春秋战国的《山海经》列举出"银之山"十处。在殷墟墓中出土了厚度为 0.01 mm 的金箔;东周发明了"鎏金"和"金银错"技术;春秋战国有了金银币;汉代刘修墓中出土的"金缕玉衣",金丝直径为 0.14 mm,这都充分说明了我国劳动人民对贵金属(特别是金、银)的冶炼、加工技术已经发展到了相当高的水平。明末清初科学家宋应星著的《天工开物》中系统地记载了我国有关金、银的光辉历史和技术成就。在夏商时代,中国人就已经懂得通过矿物的晶体形态、颜色、光泽来确认金矿物,并逐渐掌握了氧化试验法和用火烧的方法来鉴定黄金,到了汉代已经能熟练地利用物理和化学方法来鉴定金矿物了。

在自然界中,银几乎都是与有色金属伴生的,所以很少有自然银的产出。虽然银在自然界中的储存量大大高于黄金,但是银的冶炼技术和要求相对金来说要复杂得多,所以它的出现和应用自然要比黄金晚了。

但是,由于历史的原因,在近代,我国贵金属工业几乎没有得到什么发展,到了 20 世纪50 年代初,我国还没有铂族金属产业。金银的加工除造币厂外,仅仅是小作坊规模。随着科学技术研究工作的逐步开展,我国贵金属工业取得了若干重要成果,冶炼、加工、废料回收再生,分析测试等方面,经历了从无到有、由小到大、由试制到创新的过程。目前,我国的贵金属产业在地质勘探、采矿冶炼、分离提纯、再生利用、分析测试、应用研究、生产加工等方面,都有一定的规模和基础,能成批生产高纯的贵金属和各种性能的合金材料,可生产如测温材料、弹性材料、磁性材料、首饰工艺品用材料、坩埚和催化剂等上百个品种。

四、贵金属的主要用途

贵金属除了有良好的耐腐蚀性,还有许多独特的性质。银在所有金属中具有最好的导电性、导热性和对可见光的反射性。金具有极好的抗氧化性和延展性,可以加工成半透明的金箔。铂具有优良的热电稳定性、高温抗氧化性和高温抗腐蚀性。钯可以吸收比其自身体积大 2 800 倍的氢,而且氢可以在钯中"自由通行"。铱和铑在高温下能抗多种熔融氧化物的侵蚀,而且具有很高的机械性能。钌与氨结合,可具有类似某些生物的活性,而应用于生物工程。铂族金属通常具有很强的催化活性,在化工领域中得到了广泛的应用。贵金属合金及其化学制品更具有综合的物理化学特性。所以,自 20 世纪 30 年代以来,贵金属及其合金在现代科学技术领域中得到了越来越广泛的应用,成为宇宙、航空、冶金、化工、电子、医学、轻工等领域中十分重要的材料之一。

贵金属具有体积小、价值高、化学性质稳定、重量与外形都不易变化等诸多优点,在很多行业中都得到了广泛的应用。根据其主要的应用领域和特性,可归纳为以下几个方面。

(一)铸造金、银币

金银是贵金属中的"贵族",黄金一直有着货币金属的作用,通常称为硬通货,可作为货币发行和国际结算的工具。黄金作为货币起源于公元前 3 400 年的古埃及,其后出现了世界通用的英镑。第一次世界大战前,世界主要资本主义国家都铸造金币,以备人们随时用银行券兑换。第二次世界大战以后,由于国际金融情况的变化,原来作为货币用的金币逐渐减少,改为铸造纪念币。

在我国,用黄金作为货币,春秋时代即已开始,战国时代较为普遍。楚国为我中华自古有名的黄金产地,战国时代楚国的"郢爰"或"陈爰"是当时流通颇广的称量货币。

白银作为货币流通时间也很长,春秋战国时期,我国就已产生了具有一定形状的银铸币,为称量货币。明代末年,随着国际贸易的发展,西方银元流入中国,因使用方便,流通广泛,出现了用银套购白银的现象,引起白银大量外流,于是到清代时朝野纷纷寻找对策,决定自铸银元。宣统二年(公元 1910 年)颁布币制则例,正式规定银元为本位币,并将铸币权收归中央。1935 年,国民党政权禁止银元流通,但在抗日战争后期和解放战争期间,国民党政权崩溃前夕,国民党政府滥发纸币,造成恶性通货膨胀,在广州和重庆又发行了银元券与银元同时流通。中华人民共和国成立后,中国人民银行按一定比例使用人民币收兑银元,至此,银铸币的流通使命彻底告终。

目前,世界上约有 150 多个国家铸造金、银币,但都是作为纪念币发行。

(二)制造首饰和器皿

我国很早以前就已经使用金、银材料制作首饰品。金、银饰品多出现在帝王的桂冠、玉印和富家女子的耳垂、手腕上,并成为财富、权力、地位的象征。唐代诗人刘禹锡在他的《浪淘沙》一词中,形象地描述了我国古代劳动人民淘沙取金的情景:"日照澄州江雾开,淘金女

伴满江隈。美人首饰侯王印,尽是沙中浪底来。"

由于金、银具有悦目的金属光泽,而且不易腐蚀生锈,所以长期以来,人们习惯用金、银制造首饰、器皿和各种装饰品。

据统计,20 世纪 80 年代全世界用于首饰工艺品的黄金就达千余吨,占当年世界黄金总消耗量的 70% 以上。到目前为止,世界上用于装饰品的黄金仍占总消耗量的 50% 以上。

(三)现代工业的原材料

随着科学技术的迅速发展,金、银的消费量日益增长,主要用于宇航、国防、电子、机电、轻工和医疗等方面。如 1981 年美国发射的"哥伦比亚"号航天飞机上,就使用黄金 40.8 kg。贵金属在工业和人民生活中的用途大致可分为以下几类:

(1)航天航空工业用作起火电触头材料、高温涂层和高效燃料电池材料。

(2)电子工业中的电阻与电容材料。

(3)石油化工工业中的催化剂、汽车废气净化材料,如铂、钯。

(4)在仪表和钟表工业中,金制品也得到广泛的应用。

(5)首饰、工艺品和货币材料,如金、银、铂。

(6)照相和电影业的感光材料,如银。

(7)医疗卫生业中使用各种金盐或化合物制剂在治疗肺结核方面,利用放射性同位素 ^{198}Au 检查肝脏疾病及治疗癌症等方面都得到了普遍应用。

由于纯金价格昂贵且质软,为了满足某些特殊要求,黄金被广泛用于贱金属镀金及与其他金属制成合金。

练习题

1.何为首饰贵金属? 它包括哪些常见的金属?

2.地壳中的贵金属有哪些存在形式?

3.贵金属有哪些优良特性?

4.贵金属有哪些主要用途?

第二章 首饰贵金属材料性能

金属材料是现代机械制造业的基本材料,广泛地应用于制造各种生产设备、工具、武器和生活用具。金属材料之所以获得广泛的应用,是由于它具有许多良好的性能。金属材料的性能包含使用性能和工艺性能两方面:使用性能是指金属材料在使用条件下所表现出来的性能,它包括物理性能、化学性能、力学性能等;工艺性能是指金属材料在制造工艺过程中适应加工的性能。

金(Au)、银(Ag)、铂(Pt)、钯(Pd)、铑(Rh)、铱(Ir)、锇(Os)、钌(Ru)八个元素,通称为贵金属。银和金位于化学元素周期表中的ⅠB族,因在铜之下,通称为铜族元素;钌、铑、钯、锇、铱、铂属于Ⅷ族的第5周期和第6周期,通称为铂族元素,又称为稀贵金属。铂族金属的物理性能、化学性质十分相似,尤其在周期表中上下对应的元素最为相近,如钌与锇,铑与铱,钯与铂。银与金也有一些相似之处。贵金属元素在元素周期表中的位置见表2-1。

表2-1 贵金属元素在元素周期表中的位置

周期	族			
	Ⅷ			ⅠB
4	26 Fe $3d^6 4s^2$ 铁 55.85	27 Co $3d^7 4s^2$ 钴 58.93	28 Ni $3d^8 4s^2$ 镍 58.69	29 Cu $3d^{10} 4s^1$ 铜 63.55
5	44 Ru $4d^7 5s^1$ 钌 101.07	45 Rh $4d^8 5s^1$ 铑 102.91	46 Pd $4d^{10}$ 钯 106.42	47 Ag $4d^{10} 5s^1$ 银 107.87
6	76 Os $5d^8 6s^2$ 锇 192.23	77 Ir $5d^7 6s^2$ 铱 192.22	78 Pd $5d^9 6s^1$ 铂 195.08	79 Au $5d^{10} 6s^1$ 金 196.97

第一节 贵金属材料的物理性能

金属的物理性能是指金属固有的属性,包括密度、熔点、导热性、导电性、热膨胀性和磁性等。

一、金属的物理性能

(一)密度

某种物质单位体积的质量称为该物质的密度。金属的密度即是单位体积金属的质量。

密度的表达式如下:

$$D = \frac{m}{V}$$

式中　D——物质的密度,kg/m^3;

　　　m——物质的质量,kg;

　　　V——物质的体积,m^3。

　　密度是金属材料的特性之一。不同金属材料的密度是不同的。在体积相同的情况下,金属材料的密度越大,其质量(重量)也就越大。金属材料的密度直接关系到由它所制成设备的自重和效能。

　　常用金属的物理性能如表2-2所示。

表2-2　常用金属的物理性能

金属名称	符号	密度 D(20 ℃) (kg/m^3)	熔点 (℃)	热导率 λ [W/(m·K)]	线胀系数 α_1 (0~100 ℃) (×10^{-6}/℃)	电阻率 ρ(0 ℃) (×10^{-6} Ω·cm)
银	Ag	10.49×10^3	960.8	418.68	19.68	1.5
铜	Cu	8.96×10^3	1 083	393.5	17	1.67~1.68(20 ℃)
铝	Al	2.7×10^3	660	221.9	23.6	2.655
镁	Mg	1.74×10^3	650	153.7	24.3	4.47
钨	W	19.3×10^3	3 380	166.2	4.6(20 ℃)	5.1
镍	Ni	4.5×10^3	1 453	92.1	13.4	6.84
铁	Fe	7.87×10^3	1 538	75.4	11.76	9.7
锡	Sn	7.3×10^3	231.9	62.8	2.3	11.5
铬	Cr	7.19×10^3	1 903	67	6.2	12.9
钛	Ti	4.508×10^3	1 677	15.1	8.2	42.1~47.8
锰	Mn	7.43×10^3	1 244	4.98 (−192 ℃)	37	185(20 ℃)

　　一般将密度小于5×10^3 kg/m^{3}的金属称为轻金属,密度大于5×10^3 kg/m^{3}的金属称为重金属。钌、铑、钯、银是第5周期元素,在贵金属中密度较小(10~12 g/cm^3),通称为轻贵金属;锇、铱、铂、金是第6周期元素,在贵金属中密度较大(19~22 g/cm^3),通称为重贵金属。

　　利用密度公式可以计算大型零件的质量,测量金属的密度可以鉴别金属和确定某些金属铸件的致密程度。

(二)熔点

　　金属和合金从固态向液态转变时的温度称为熔点。金属都有固定的熔点。常用金属的熔点如表2-2所示。

　　合金的熔点取决于它的成分,例如钢和生铁虽然都是铁和碳的合金,但由于含碳量不同,熔点也不同。熔点对于金属和合金的冶炼、铸造、焊接是重要的工艺参数。

　　熔点高的金属称为难熔金属(如钨、钼、钒等),可以用来制造耐高温零件,如在火箭、导弹、燃气轮机和喷气飞机等方面得到广泛应用。熔点低的金属称为易熔金属(如锡、铅等),可以用来制造印刷铅字(铅与锑的合金)、保险丝(铅、锡、铋、镉的合金)和防火安全阀等零件。

(三)导热性

金属材料传导热量的性能称为导热性。

导热性的大小通常用热导率来衡量。热导率的符号是 λ,单位是 W/(m·K)。热导率越大,金属的导热性越好。金属的导热能力以银为最好,铜、铝次之。常用金属的热导率见表2-2。合金的导热性比纯金属差。

导热性是金属材料的重要性能之一,在制订焊接、铸造、锻造和热处理工艺时,必须考虑材料的导热性,防止金属材料在加热或冷却过程中形成过大的内应力,以免金属材料变形或破坏。

导热性好的金属散热也好,因此在制造散热器、热交换器与活塞等零件时,要选用导热性好的金属材料。

(四)导电性

金属材料传导电流的性能称为导电性。

衡量金属材料导电性能的指标是电阻率 ρ,电阻率的单位是 $\Omega\cdot cm$,电阻率越小,金属导电性越好。金属导电性以银为最好,铜、铝次之。常用金属的电阻率见表2-2。合金的导电性比纯金属差。

导电性好的金属如纯铜、纯铝,适用于做导电材料;导电性差的金属如康铜和铁铬铝合金,适用于做电热元件。

(五)热膨胀性

金属材料随着温度变化而膨胀、收缩的特性称为热膨胀性。一般来说,金属受热时膨胀而体积增大,冷却时收缩而体积缩小。常用金属的线胀系数如表2-2所示。

(六)磁性

金属材料在磁场中受到磁化的性能称为磁性。

二、贵金属的物理性能

(一)贵金属的光学性质

贵金属由于耐腐蚀性和抗氧化性好,所以表面不生成氧化膜和腐蚀膜,保证了它对光反射的稳定性,因此常用铑、钯、银等贵金属材料作为首饰工艺品的表面电镀层和在工业上制造反光镜等。银对可见光和红外线的反射率是所有金属材料中最高的,但是,在接近紫外线区域,反射率出现明显下降,银呈现银白色就是因为对可见光的反射率高所致。

黄金对可见光谱中的橙黄光和红外线区域有很高的反射性能,因此黄金呈现金黄色,而且常被应用于宇航仪表的屏蔽材料。铂族金属对可见光的反射率都比较高,且随波长的增加而平滑增加,大多数铂族金属呈现白色。一般情况下是:钌呈蓝白色,铑呈银白色,钯呈钢白色,锇呈蓝白色,铱呈白色,铂呈锡白色。

热处理工艺对贵金属的表面反射率产生较大影响,随着热处理退火温度升高,贵金属对可见光的反射率下降。

(二)贵金属的熔点与沸点

贵金属的熔点、沸点都较高,在元素周期表的各周期中,遵循着随原子序数增加而降低和在相同的族中从上到下熔点升高的规律。银的熔点最低(960.8 ℃),锇的熔点最高(3 045 ℃)。贵金属的熔点从低到高的变化顺序为银、金、钯、铂、铑、钌、铱、锇。贵金属的蒸气压较低,一般情况下不易挥发,但是在有氧的条件下加热贵金属,易形成氧化物而挥发,铂在1 000 ℃条件下,铑、铱在2 000 ℃条件下,形成挥发性氧化物。金是唯一在高温下不易氧化的贵金属。贵金属的物理常数见表2-3。

表2-3 贵金属的物理常数

元素	Ru	Rh	Pd	Ag	Os	Ir	Pt	Au
密度(20 ℃)(g/cm³)	12.35	12.41	12.02	10.49	22.48	22.42	21.45	19.3
熔点(℃)	2 285	1 966	1 552	960.8	3 045	2 443	1 763	1 063
沸点(℃)	4 880	3 700	2 900	2 210	5 020	4 500	3 800	2 810
导热率(0~100 ℃)[W/(m·K)]	104.67	150.72	75.36	418.68	104.92	146.54	71.18	309.82
热膨胀系数(0~100 ℃)(×10⁻⁶/K)	9.1	8.3	11.1	19.68	6.1	6.8	9.1	14.16

(三)贵金属的吸气性

多数贵金属有吸附气体的性质,特别是吸附氢。锇、钌吸附少量的氢生成相应的化合物。铂、铑吸附氢的数量与其分散程度有关,铂黑能吸附相当于自身502倍体积的氢;而海绵铂仅吸附自身49.3倍体积的氢;铑黑由于制造方法不同,吸附量变化较大,可以相当于自身体积的165~206倍。最特殊的是钯能吸附相当于自身2 800倍体积的氢并形成α和β两种固溶体,同时使钯的密度下降,导电率及抗拉强度也相应降低,但在加热状态下,又可释放出氢气。钯还有允许氢透过的性质,已成为储藏氢气和制备高纯氢气的材料。

第二节 贵金属材料的力学性能

在机械设备及工具的设计、制造中选用金属材料时,大多以力学性能为主要依据,因此熟悉和掌握金属材料的力学性能是非常重要的。

所谓力学性能,是指金属在外力作用时表现出来的性能。力学性能包括强度、塑性、硬度、韧性及疲劳强度等。

金属材料在加工及使用过程中所受的外力称为载荷。根据载荷作用性质的不同,它可以分为静载荷、冲击载荷及疲劳载荷等三种:

(1)静载荷。是指大小不变或变动很慢的载荷。

(2)冲击载荷。是指突然增加的载荷。

(3)疲劳载荷。是指所经受的周期性或非周期性的动载荷(也称循环载荷)。

根据载荷作用方式不同,它可分为拉伸载荷、压缩载荷、弯曲载荷、剪切载荷和扭转载荷等,如图2-1所示。

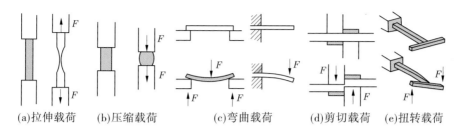

(a)拉伸载荷　　(b)压缩载荷　　　(c)弯曲载荷　　　(d)剪切载荷　　(e)扭转载荷

图 2-1　载荷的形式

　　金属材料受不同载荷作用而发生的几何形状和尺寸的变化称为变形。变形一般分为弹性变形和塑性变形。金属受外力作用后,为保持其不变形,在材料内部作用着与外力相对抗的力称为内力。单位截面面积上的内力称为应力。

一、强度

　　金属抵抗塑性变形或断裂的能力称为强度,强度大小通常用应力来表示。

　　根据载荷作用方式不同,强度可分为抗拉强度、抗压强度、抗弯强度、抗剪强度和抗扭强度等五种。一般情况下多以抗拉强度作为判别金属强度高低的指标。

　　抗拉强度是通过拉伸试验测定的。拉伸试验的方法是用静拉力对标准试样进行轴向拉伸,同时连续测量力和相应的伸长,直至断裂。根据测得的数据,即可求出有关的力学性能。

(一)拉伸试样

　　拉伸试样的形状一般有圆形和矩形两类。在国家标准中,对试样的形状、尺寸及加工要求均有明确的规定。图 2-2 所示为圆形拉伸试样。

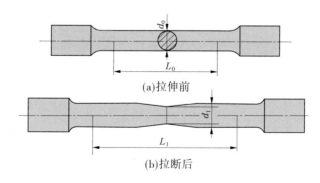

(a)拉伸前

(b)拉断后

图 2-2　圆形拉伸试样

　　图中 d_0 为试样的直径,L_0 为标距长度。根据标距长度与直径之间的关系,试样可分为长试样($L_0 = 10d_0$)和短试样($L_0 = 5d_0$)。

(二)力—伸长曲线

　　拉伸试验中记录的拉伸力对伸长的关系曲线称为力—伸长曲线,也称为拉伸图。图 2-3 是低碳钢的力—伸长曲线,图中纵坐标表示力 F,单位为 N;横坐标表示绝对伸长 ΔL,单位为 mm。图中明显地表现出下面几个变形阶段:

　　oe——弹性变形阶段。试样变形完全是弹性的,卸载后试样即恢复原状。这种随载荷

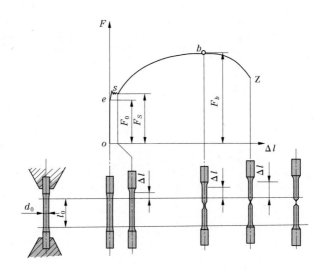

图 2-3　低碳钢的力—伸长曲线

的作用而产生、随载荷的去除而消失的变形称为弹性变形。F_0 为能恢复原始形状和尺寸的最大拉伸力。

　　es——屈服阶段。当载荷超过 F_0 时,若卸载的话,试样的伸长只能部分地恢复,而保留一部分残余变形。这种不能随载荷的去除而消失的变形称为塑性变形。当载荷增加到 F_S 时,图上出现平台或锯齿状,这种在载荷不增加或略有减少的情况下,试样继续发生变形的现象称为屈服,F_S 称为屈服载荷。屈服后,材料将残留较大的塑性变形。

　　sb——强化阶段。在屈服阶段以后,欲使试样继续伸长,必须不断加载。随着塑性变形增大,试样变形抗力也逐渐增加,这种现象称为形变强化(或称加工硬化)。F_b 为试样拉伸试验时的最大载荷。

　　bz——缩颈阶段(局部塑性变形阶段)。当载荷达到最大值 F_b 时,试样的直径发生局部收缩,称为"缩颈"。试样变形所需的载荷也随之降低,这时伸长主要集中于缩颈部位,直至断裂。

(三)强度指标

1. 屈服点

试样在试验过程中,力不增加(保持恒定)仍能继续伸长(变形)时的应力称为屈服点。

对于无明显屈服现象的金属材料,多测定其规定残余伸长应力,该应力表示试样卸除拉伸载荷后,其标距部分的残余伸长达到规定的原始标距百分比时的应力。

机械零件在工作时如受力过大,则因过量的塑性变形而失效。当零件工作时所受的力低于材料的屈服点或规定残余伸长应力,则不会产生过量的塑性变形。材料的屈服点或规定残余伸长应力越高,允许的工作应力也越高,则零件的截面尺寸及自身质量就可以减少。因此,材料的屈服点或规定残余伸长应力是机械设计的主要依据,也是评定金属材料优劣的重要指标。

2. 抗拉强度

材料在拉断前所能承受的最大应力称为抗拉强度。抗拉强度表示材料在拉伸载荷作用下的最大均匀变形的抗力,也是机械零件设计和选材的主要依据之一。

二、塑性

断裂前金属材料产生永久变形的能力称为塑性。塑性指标也是由拉伸试验测得的。常用金属材料拉伸时最大的相对塑性变形(伸长率和断面收缩率)来表示。

(一)伸长率

试样拉断后,标距的伸长与原始标距的百分比称为伸长率,用符号 δ 表示。

(二)断面收缩率

试样拉断后,缩颈处截面面积的最大缩减量与原始横截面面积的百分比为断面收缩率,用符号 φ 表示。金属材料的伸长率(δ)和断面收缩率(φ)数值越大,表示材料的塑性越好。塑性好的金属可以发生大量塑性变形而不破坏,便于通过塑性变形加工成复杂形状的零件。塑性好的材料,在受力过大时,由于首先产生塑性变形而不致发生突然断裂,因此比较安全。

三、硬度

材料抵抗局部变形,特别是塑性变形、压痕或划痕的能力称为硬度。

硬度是各种零件和工具必须具备的性能指标。机械制造业所用的刀具、量具、模具等,都应具备足够的硬度,才能保证使用性能和寿命。有些机械零件如齿轮等,也要求有一定的硬度,以保证足够的耐磨性和使用寿命。因此,硬度是金属材料重要的力学性能之一。

与拉伸试验相比,硬度试验简便易行,硬度值又可以间接地反映金属的强度以及金属在化学成分、金相组织和热处理工艺上的差异,因而硬度试验应用十分广泛。

硬度试验的方法很多,有压入硬度试验法(如布氏硬度、洛氏硬度等)、划痕硬度试验法(如莫氏硬度)、回跳硬度试验法(如肖氏硬度)等,生产中常用的是压入硬度试验法。

四、韧性

许多机械零件在工作中往往要受到冲击载荷的作用,如活塞销、锤杆、冲模和锻模等。制造这类零件所用的材料,其性能指标不能单纯用静载荷作用下的指标来衡量,而必须考虑材料抵抗冲击载荷的能力。金属材料抵抗冲击载荷作用而不破坏的能力称为韧性。

五、疲劳强度

许多机械零件,如轴、齿轮、轴承、叶片弹簧等,在工作过程中各点的应力随时间做周期性的变化,这种随时间做周期性变化的应力称为交变应力(也称循环应力)。在交变应力作用下,虽然零件所承受的应力低于材料的屈服点,但经过较长时间的工作而产生裂纹或突然发生完全断裂的过程称为金属的疲劳。

疲劳破坏是机械零件失效的主要原因之一。据统计,在机械零件失效中有80%以上属于疲劳破坏。而且疲劳破坏前没有明显的变形而突然破断。所以,疲劳破坏经常造成重大事故。

六、贵金属材料的力学性质

银、金、铂、钯具有较低的硬度,退火态银的维氏硬度为 $25 \sim 30 \ kg/mm^2$。退火态金的维氏硬度为 25 ~ 27 kg/mm²。退火态铂的维氏硬度为 37 ~ 42 kg/mm²。钌、铱、锇的维氏硬度较高,退火态维氏硬度大于 200 kg/mm²。室温下常用贵金属材料的力学性质见表2-4。

表2-4　室温下常用贵金属材料的力学性质

金属	维氏硬度(kg/mm²)			屈服强度 (kg/mm²)	抗拉强度(kg/mm²)		延伸率(%)	
	铸态	加工态	退火态		加工态	退火态	加工态	退火态
Pt	63	90 ~ 95	37 ~ 42	6 ~ 8	40	15	1 ~ 3	30 ~ 40
Pd	44	105 ~ 110	37 ~ 44	5 ~ 7	42	23	1.5 ~ 2.5	29 ~ 34
Ir	210 ~ 240	600	220	9 ~ 10.5	239*	126	15 ~ 18*	20 ~ 22
Rh	139	500	100 ~ 102	7 ~ 10	144	83	2	30 ~ 35
Ru	170 ~ 450		200 ~ 350	35 ~ 40	507*		3*	3
Au	33 ~ 35	60	25 ~ 27	1 ~ 2.5	23	12.6	4	39 ~ 45
Ag	42	75	25 ~ 30	2 ~ 2.5	38	15	3 ~ 5	43 ~ 50

注:＊热加工态。

　　贵金属中,金、银、铂、钯的强度较低,延伸率较高,而铑、铱、钌的强度高,延伸率低。室温下,贵金属的强度和延伸率见表2-4。添加合金元素将提高贵金属的强度,但同时会降低其延伸率。

　　贵金属的硬度、强度受合金元素、加工率和退火温度等因素的影响,一般情况下,合金元素的加入,可使贵金属的硬度和强度增加。如银中加入镁会急剧提高其硬度,金、锌、铜等元素对银的硬度提高较少。金的常用合金元素 Ag、Cu、Pt、Pd、Ni 等均能不同程度地提高金的维氏硬度。铂中添加钯,对硬度的影响较小。冷加工对贵金属的硬度影响较大,一般情况下,加工开始阶段对硬度的提高较大,随着加工率的增加,硬度增加趋于平缓。退火温度对贵金属的硬度和强度都有影响。提高退火温度和延长保温时间,贵金属硬度和强度降低,延伸率增加。提高温度,贵金属的抗拉强度降低。

第三节　贵金属材料的化学性能

一、金属的化学性能

(一)耐腐蚀性

金属材料在常温下抵抗氧、水蒸气及其他化学介质腐蚀破坏作用的能力,称为耐腐蚀性。

　　腐蚀作用对金属材料的危害很大。它不仅使金属材料本身受到损伤,严重时还会使金属构件遭到破坏,引起重大的工伤事故。这种现象在制药、化肥、制酸、制碱等化工部门更应引起足够的重视。因此,提高金属材料的耐腐蚀性能,对于节约金属、延长金属材料的使用寿命具有现实的经济意义。

(二)抗氧化性

金属材料在加热时抵抗氧化作用的能力,称为抗氧化性。金属材料的氧化随温度升高而加速,例如钢材在铸造、锻造、热处理、焊接等热加工作业时,氧化比较严重,这不仅造成材料过量的损耗,也易形成各种缺陷。为此,常在工件的周围造成一种保护气氛,避免金属材料的氧化。

(三)化学稳定性

化学稳定性是金属材料的耐腐蚀性和抗氧化性的总称。金属材料在高温下的化学稳定性称为热稳定性。在高温条件下工作的设备(如锅炉、加热设备、汽轮机、喷气发动机等)上的部件需要选择热稳定性好的材料来制造。

二、贵金属的氧化性质

贵金属(铂、金除外)及其化合物在空气中灼烧将形成各种组分的氧化物。由于许多氧化物是不稳定的,或稳定的温度范围较窄,或某些氧化物有挥发性。铂族金属对氧的亲和力均较小,其亲和力的顺序为 $Pt < Pd < Rh < Ir < Ru < Os$。铂的亲和力最差,但粉末状铂能与氧结合。

三、贵金属与无机酸、碱的反应

贵金属的电离电位较高,这就决定了它们在常温下是很稳定的,不易与酸、碱和很多活泼的非金属元素发生反应。铂族金属不溶于 HCl,除钯外,也不溶于 HNO_3。钯与 HNO_3 反应生成 $Pd(NO_3)_2$,钯与 H_2SO_4 反应生成 $PdSO_4$。铂、铱、钌不与 H_2SO_4 反应,王水是溶解铂、钯的最好试剂,但不能溶解铑、铱、钌,HCl 与 H_2O_2 的混合液也可溶解铂、钯。铂族金属与酸的反应速度主要取决于它们的形态,呈颗粒状的,其粒度较小,反应越快;呈块状的反应缓慢。

金与单一的 HCl、HNO_3、H_2SO_4 不发生反应,但溶于 $HCl - HNO_3$ 和有氧化剂存在的 HCl 溶液中,常用的氧化剂有 H_2O_2、$KMnO_4$、$KClO_4$、KNO_3 等。由于 HCl 与氧化剂混合产生新生态氯,对金属有强烈的腐蚀作用。

银在常温条件下与 HNO_3 反应生成 $AgNO_3$,与浓 H_2SO_4 反应生成 Ag_2SO_4,但与稀 H_2SO_4 和 HCl 不发生反应。

一般的碱溶液对贵金属没有腐蚀作用,当通入氯气时,对贵金属有较强的腐蚀作用。贵金属与 $NaCl$ 混合经加热并通入氯气,可制成相应的氯化物。铂的氯化物在氯化温度超过650 ℃的条件下挥发。

四、贵金属的氧化还原性质

贵金属元素的原子结构决定它们是多价态的,因此贵金属可被强氧化剂或还原剂氧化还原。铂的常见价态是 $Pt(IV)$ 和 $Pt(II)$,在溶液中都很稳定。$Pt(IV)$ 可被一些较强的还原剂还原成 $Pt(II)$ 和金属铂,此类还原剂有 $Cu(I)$、Zn、$Hg(I)$、$TiCl_3$、甲酸盐、抗坏血酸和联胺等。$Pt(II)$ 可与强氧化剂反应且生成 $Pt(IV)$。此类氧化剂有 $KMnO_4$、$NaBrO_3$、HNO_3 等。如果有 $Au(III)$ 共存,则 $Cu(I)$ 与 $Pt(IV)$ 的反应不仅生成 $Pt(II)$,而且部分生成金属铂。

钯的特征价态是 $Pd(II)$,$Pd(IV)$ 在酸性介质中很不稳定,只有在强氧化剂条件下才稳定。$Pd(IV)$ 与 HCl 一起煮沸时即被还原为金属。$Pd(II)$ 用电动序氢以前的金属,如 Zn、Mg 等可以还原为金属,也可用 H_2、联胺、$Hg(I)$、$Cu(I)$、$Cr(II)$、$Sn(II)$、硫代硫酸盐、次亚

磷酸盐、乙醇、甘油等还原为金属。

铑的特征价态是 Rh(Ⅲ)。Rh(Ⅲ)与强氧化剂(如(NH$_4$)$_2$S$_2$O$_6$、NaBiO$_3$、次氯酸盐、次溴酸盐)反应生成一种蓝紫色的溶液,即铑的高价化合物,但高价铑不稳定,可慢慢释放出氧。Rh(Ⅲ)与 H$_2$、Mg、Zn、Sb、甲酸、Cr(Ⅲ)、Ti(Ⅲ)等反应还原成金属铑。

金的常见价态是 Au(Ⅲ),Au(Ⅲ)是一种很强的氧化剂,其标准氧化还原电位为 1.5 V,这决定了金很难被氧化,相反地,Au(Ⅲ)很容易被还原为金属金。可还原 Au(Ⅲ)的金属很多,如电动序在金以前的 Mg、Zn、Fe 等金属,还有 SnCl$_2$、TiCl$_3$、SO$_2$、Fe(Ⅱ)、Cu(Ⅰ)、联胺、羟胺、抗坏血酸、草酸、甲酸钠等。

银的特性价态是 Ag(Ⅰ),在一般化学反应中,银都是以 Ag(Ⅰ)存在的,只有用强氧化剂氧化时才得到 Ag(Ⅱ)。Ag(Ⅰ)与臭氧或(NH$_4$)$_2$S$_2$O$_6$反应可得到 Ag(Ⅱ)。

五、贵金属的化合物和络合物

所有的贵金属都具有 d-电子层结构,尤其是铂族金属,其 4d(或 5d)电子未充满,给那些电子给予体的电子填充提供了空轨道,可形成分子杂化轨道,故能生成稳定的络合物,这是铂族金属的特性。铂族金属的络合物种类繁多,数量巨大,能与其配位的除卤素外,还有含 O$_2$、S、N、P、C、As 的基团。常见的有 F$^-$、Cl$^-$、Br$^-$、I$^-$、OH$^-$、CO$_3^{2-}$、NH$_4^-$等。在贵金属的卤化物中,氯化物和氯络合物是一种重要的化合物。它是制备多数贵金属标准溶液的主要形态,也是分析化学中常用的形态。贵金属的化合物和络合物是进行贵金属分析测试的主要物质。

铂的两个典型氯化物和氯络合物分别是 PtCl$_2$、PtCl$_4$、[PtCl$_6$]$^{2-}$和[PtCl$_4$]$^{2-}$。[PtCl$_6$]$^{2-}$是用王水溶解金属铂,再用 HCl 反复处理后制成的一种橘红色晶体(H$_2$[PtCl$_6$]·6H$_2$O)。Pt 的溴络合物是用[PtBr$_6$]$^{2-}$与还原剂反应制取的,其化学式为 M$_2$[PtBr$_6$]或 M$_2$[PtBr$_4$](式中 M 代表 H$^+$、Na$^+$、K$^+$、NH$_4^+$等,以下相同)。Pt(Ⅳ)的碘络合物 H$_2$[PtI$_6$]·9H$_2$O 是一种黑红色晶体,它是用[PtCl$_6$]$^{2-}$或[PtBr$_6$]$^{2-}$与 I$^-$反应而制得的,呈酸性,加热至 100 ℃时,开始分解并释放出 HI。

钯的简单氯化物有 PdCl、PdCl$_2$、PdCl$_3$和 PdCl$_4$。其中,PdCl$_2$是最常见的稳定氯化物,加热至 600 ℃时开始分解,生成金属钯。典型的钯氯络合物是 H$_2$[PdCl$_4$]和 H$_2$[PdCl$_6$]。H$_2$[PdCl$_4$]是将金属钯用王水溶解,再以 HCl 驱尽 HNO$_3$制成的,或钯与碱氧化物熔融,再用稀 HCl 处理制成。钯的溴络合物有 M$_2$[PtBr$_6$]或 M$_2$[PtBr$_4$],其制备方法与相应的氯络合物相似。钯的碘络合物是将新沉淀的 PdI$_2$溶解在 KI 溶液中制成的。

铑的常见氯络合物是 M$_3$[RhCl$_6$]·nH$_2$O。它是用铑粉与碱金属氯化物混合,在高温条件下通入氯气制备而成的。也可用[RhCl$_6$]$^{3-}$与碱金属氯化物反应制成,或用 RhCl$_3$·nH$_2$O 与碱金属氯化物反应制成相应的氯铑酸盐。铑的氯络合物可在加热条件下分解并析出金属铑。

金的简单氯化物是 AuCl$_3$,是一种棕黄色晶体,在 HCl 介质中,金以 H[AuCl$_4$]状态存在。H[AuCl$_4$]为亮黄色针状晶体,易溶于水,加热至 150 ℃以上时,部分分解为金属 Au。金用王水溶解生成 H[AuCl$_4$]和金的亚硝酰络合物。金的亚硝酰络合物用 HCl 处理变为 H[AuCl$_4$],H[AuCl$_4$]与碱金属氯化物一起蒸发,可得到相应的络合物 M[AuCl$_4$]。

H[AuCl₄]及其盐类可以用多种有机溶剂,如乙醚、乙酸乙酯、磷酸三丁酯等萃取。Au(Ⅰ)和Au(Ⅲ)和溴化物及溴络合物与相应的氯化物及氯络合物相似,H[AuCl₄]与HBr反应生成H[AuBr₄]。银的卤化物有AgF、AgCl、AgBr、AgI,除AgF易溶于水外,其他的卤化物均难溶于水。AgCl为白色沉淀物,AgBr为淡黄色沉淀物,AgI为黄色沉淀物,它们在水中溶解度都非常的小。它们可溶于氰化物、硫代硫酸盐溶液。AgCl、AgBr和AgI具有感光特性,广泛用于感光材料。

练习题

1. 首饰贵金属材料的物理性质有何异同?

2. 哪些贵金属材料具有吸气性?主要吸附哪些气体?

3. 贵金属材料的化学性质有什么特点?

第三章　首饰贵金属材料晶体结构与结晶

第一节　贵金属的晶体结构

不同的金属材料具有不同的力学性能,即使是同一种金属材料,在不同的条件下其力学性能也是不同的。金属力学性能的这些差异,从本质上来说,是由其内部结构所决定的。因此,掌握金属的内部结构及其对金属性能的影响,对于选用和加工金属材料具有非常重要的意义。

一、晶体与非晶体

自然界中所见到的固体物质可分为两种:一种是结晶态固体,即晶体,如金刚石、红宝石及一切固态的金属和合金;另一种则是非晶态固体,即非晶结,如琥珀、玻璃等。

晶体学和金属学理论告诉我们,晶体是具有格子构造的固体,其内部构造最基本的特征是质点在三维空间做有规律的周期性重复排列。晶体的格子构造决定了晶体在宏观上具有规则的几何外形,并具有自限性、均一性、异向性、对称性和稳定性等基本性质。相对于晶体而言,非晶体的外部形态是一种无定形的凝固态,它的内部构造则是统计上均一的各向同性体,其内部质点的分布类似于液体,呈无规律排列方式,既不具有晶体所共有的空间格子构造,也不具备晶体所共有的基本性质。

由于晶体和非晶体的内部构造不同,两者的性能相差很大。区分是晶体还是非晶体,不能仅根据它们的外观形态,应从其内部的原子排列情况来确定。因为晶体的外观几何形态与晶体结晶时的外部环境和形成条件密切相关,如果条件不具备,其外形也就变得不规则,内部的质点(或原子、分子)是否在三维空间内做周期性重复排列,这是两者的根本区别。固态的非晶体实际上是一种过冷状态的液体,玻璃就是一个典型的例子。因此,常将非晶态的固体称为玻璃体。

液态与非晶态固体的转变是逐渐过渡的,没有明显的凝固点和熔点。而液态与固态晶体的转变则是突变的,有一定的凝固点和熔点。

非晶体的另一特点是它的物理、化学以及力学性质等不具方向性,沿任何方向测定其性能所得结果都是一致的,不因方向而异,称为各向同性。而晶体的性质因其原子的规则排列而具有方向性,沿晶体的不同方向所测得的性能并不完全相同,如导热性、导电性、热膨胀系数、强度、硬度以及光学性质等,称为各向异性。

非晶态固体在一定条件下可以转化为结晶态固体,以降低自由能。如玻璃经高温长时间加热并缓慢冷却可形成晶态玻璃,而晶体物质如果从液态快速冷却也可能形成非晶态物质。由于金属的晶体结构比较简单,很难阻止其结晶过程,故金属通常形成晶态固体。

只由一个晶核生长而成的晶体称为单晶体。在单晶体中原子都是以同一取向排列的。

如金刚石、水晶等都是单晶体。但是，金属材料在冷凝过程中通常首先形成许多晶核，然后分别各自长大，形成不同位向的许多小晶体，称为多晶体。这些小晶体往往呈颗粒状，不具有规则的外形，故称为晶粒。晶粒与晶粒之间的界面称为晶界。

多晶体金属材料由于包含大量的彼此不同位向的晶粒，虽然每个晶粒具各向异性，但整块金属的性能则是它们各自性能的统计平均值。所以，一般情况下，多晶体金属材料不具各向异性。然而在某些条件下，若使各晶粒趋于定向排列，如定向凝固、轧制、拉丝等加工，使晶粒的位向趋于一致，则材料的各向异性就会显示出来。

总之，晶体与非晶体相比，由于原子排列方式不同，它们的性能也有差异。晶体具有固定的熔点，其性能呈各向异性，而非晶体则没有固定熔点，而且表现为各向同性。

二、晶体结构的概念

（一）晶格和晶胞

晶体内部原子是按一定的几何规律排列的。为了便于理解，把原子看成是一个小球，则金属晶体就是由这些小球有规律地堆积而成的物体，如图 3-1 所示。

为了形象地表示晶体中原子排列的规律，可以将原子简化成一个点，用假想的线将这些点连结起来，就构成了有明显规律性的空间格子。这种表示原子在晶体中排列规律的空间格架称为晶格，如图 3-2(a) 所示。

 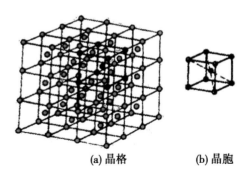

(a) 晶格　　　　(b) 晶胞

图 3-1　晶体内部原子排列示意图　　　图 3-2　晶格和晶胞示意图

晶格是由许多形状、大小相同的最小几何单元重复堆积而成的。能够完整地反映晶格特征的最小几何单元称为晶胞，如图 3-2(b) 所示。

应当指出，原子在晶格结点上并不是固定不动的，而是以结点为中心做高频率振动的。随着温度升高，原子振动的幅度也增大。

（二）晶格常数

不同元素的原子半径大小不同，在组成晶胞后，晶胞大小是不相同的，晶胞的大小和形状可用棱边长度 a、b、c 及棱边夹角 α、β、γ 表示，如图 3-3 所示。晶胞的棱边长度称为晶格常数。对立方晶体来说，晶胞的三个方向上的边长是相等的（$a=b=c$），用一个晶格常数 a 表示就足够了，晶格常数的单位是 Å（埃，$1\text{ Å}=10^{-10}\text{ m}$）。

（三）晶面和晶向

金属晶体中通过原子中心的平面，称为晶面。图 3-3 所示为简单立方晶格的某些晶面。通过原子中心的直线，可代表晶格空间的一定方向，称为晶向，如图 3-4 所示。

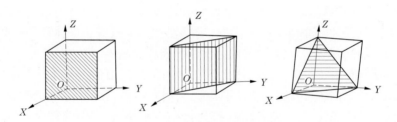

图3-3　简单立方晶格的某些晶面

由于在同一晶格的不同晶面和晶向上原子排列的疏密程度不同,因此原子结合力也就不同,从而在不同的晶面和晶向上显示出不同的性能,这就是晶体具有各向异性的原因。

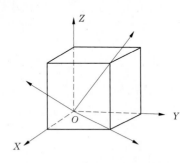

图3-4　立方晶格中的几个晶向

三、贵金属晶格的类型及晶体结构

(一)晶格类型

金属的晶格类型很多,但绝大多数(占85%)金属属于下面三种晶格。

1. 体心立方晶格

它的晶胞是一个立方体,原子位于立方体的八个顶角上和立方体的中心,如图 3-5 所示。属于这种晶格类型的金属有铬(Cr)、钒(V)、钨(W)、钼(Mo) 及 α – 铁(α – Fe) 等金属。

2. 面心立方晶格

它的晶胞也是一个立方体,原子位于立方体的八个顶角上和立方体六个面的中心,如图 3-6所示。属于这种晶格类型的金属有铝(Al)、铜(Cu)、铅(Pb)等金属。

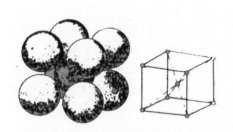

图3-5　体心立方晶胞

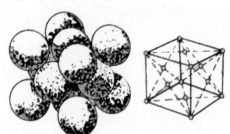

图3-6　面心立方晶胞

3. 密排六方晶格

它的晶胞是一个正六方柱体,原子排列在柱体的每个角顶上和上、下底面的中心,另外三个原子排列在柱体内,如图 3-7 所示。属于这种晶格类型的金属有镁(Mg)、铍(Be)、镉(Cd)及锌(Zn)等金属。

(二)晶体结构

晶体结构是指晶体中原子(包括同类的或异类的原子)或分子的具体排列情况,在金属晶体中,金属键使原子(或离子)的排列尽可能趋于紧密,构成高度对称性的简单晶体结构。

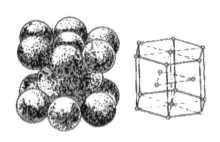

图 3-7 密排六方晶胞

贵金属常见的晶体结构有面心立方结构、体心立方结构和密排六方结构。

1. 面心立方结构

贵金属大部分属于面心立方晶体结构,如金、铂、银、铑,以及首饰金属中常用到的有色金属铜、镍和铝等。

图 3-7 表示面心立方结构的晶胞,可见,面心立方晶胞的 8 个顶角各有一个原子,在立方体的每个面中心还有一个原子,所以叫面心立方晶胞。由于晶体可看作是许多晶胞堆砌而成的,故每个晶胞角上的原子应同时属于相邻的 8 个晶胞所共有,每个晶胞实际上只占有该原子的 1/8;而位于面中心的原子同时属于相邻的两个晶胞所共有的,每个晶胞拥有该原子的 1/2,因此每个面心立方晶胞中实际只拥有 $1/8 \times 8 + 1/2 \times 6 = 4$(个)原子。

金、银、铂等许多金属同属于面心立方结构,但它们的晶胞大小各不相同,每种金属在一定温度时有其特定的晶胞尺寸和原子间距,反映出不同的金属特性。晶胞大小用晶格常数来衡量,它是表征物质晶体结构的一项基本参数。

对于立方晶系,晶格常数只用晶胞的棱边长度 a 一个数值表示。晶格常数 a 以纳米(nm)为单位,$1 \text{ nm} = 10^{-9} \text{ m}$。在面心晶胞中,$a$ 不是原子间的最小距离,沿其对角线方向原子排列最紧密,原子间的最小距离 $d = \dfrac{\sqrt{2}}{2}a$。

若把晶体中的原子看作是直径相等的球体,则原子的密排程度可以晶胞中的原子球体所占晶胞体积的百分数来表示,称为致密度 K。

$$K = \frac{nu}{V} \times 100\% \tag{3-1}$$

式中　n——晶胞原子数;

　　　u——原子球体的体积;

　　　V——晶胞体积。

对于面心立方机构来说,面对角线上相邻原子彼此接触,因此原子球体的直径等于最近邻原子间距 d,$d = \dfrac{\sqrt{2}}{2}a$,$n = 4$,故致密度为

$$K = \frac{nu}{V} \times 100\% = 4 \times \frac{\pi d^3}{6a^3} \times 100\% = 74\%$$

说明在面心立方结构的金属晶体中存在 26% 的空隙,只有 74% 的体积被原子所占据。

晶体中原子排列的紧密程度与晶体结构类型有关,为了更直观地表示原子排列的紧密程度,通常使用配位数(或邻位数)来表示。

配位数是指晶体结构中与任一原子最近邻并且等距离的原子数。面心立方结构的配位数为 12。

2. 体心立方结构

体心立方结构的晶胞模型,体心立方晶胞的 8 个顶角上各有一个原子,在立方体晶胞的中心位置还有一个原子,所以称为体心立方晶体结构。体心立方晶胞所拥有的原子数为 $1/8 \times 8 + 1 = 2$(个)原子。在体心立方结构中,原子沿立方体对角线方向排列得最紧密。设晶胞的晶格常数为 a,则原子的最小间距 $d = \dfrac{\sqrt{3}}{2}a$。

体心立方结构中每个原子的最近邻原子数为 8,即配位数等于 8。其致密度为

$$K = \frac{nu}{V} \times 100\% = 2 \times \frac{\pi d^3}{6a^3} \times 100\% = 68\%$$

可见体心立方中有近 32% 的空隙,原子只占据晶胞体积的 68%。体心立方结构的配位数和致密度均低于面心立方晶体结构。

3. 密排六方结构

密排六方结构可看成是由两个简单六方晶胞穿插而成的。密排六方结构是原子排列最密集的结构之一。六方柱的每个角上的原子属于 6 个相邻的原子所共有,上、下底面中心共有 2 个原子,它同时分别为上、下两个晶胞所共有,晶胞内部有 3 个原子,故晶胞共拥有原子数为 $1/6 \times 12 + 1/2 \times 2 + 3 = 6$(个),即每一密排六方晶胞共有 6 个原子。

密排六方结构的晶格常数有 2 个,六方体面的边长 a 与上、下底面的间距 c(即六方柱的高度)之比 c/a 称为密排六方结构的轴比。理想密排六方结构的轴比为 1.633。但实际晶体的轴比常存在不同程度的偏差。密排六方的配位数也为 12,致密度 K 为 74%,其配位数和致密度均与面心立方结构相同,表明这两种晶体结构都是原子排列最紧密的结构。

四、金属晶体结构缺陷

在实际使用的金属材料中,由于加进了其他种类的外来原子以及材料在冶炼后的凝固过程中受到各种因素的影响,使本来有规律的原子堆积方式受到干扰,不像理想晶体那样规则。晶体中出现的各种不规则的原子堆积现象称为晶体缺陷。常见的晶体缺陷有以下几种。

(一)空位和间隙原子

如果晶格上应该有原子的地方没有原子,在那里就会出现"空洞",这种原子堆积上的缺陷称为空位。同时,可能在晶格的某些空隙处出现多余的原子或挤入外来原子,则把这种缺陷称为间隙原子。图 3-8 为空位和间隙原子的示意图。

空位附近的原子受张力而使晶格常数略有增加,间隙原子所产生的效果是使周围原子受到挤压而使晶格常数略有缩小。以上这些缺陷都使晶格产生变形,这种现象称为晶格畸变。

(二)位错

晶体中某处有一列或若干列原子发生有规律的错排现象称为位错。形式比较简单的称为刃型位错。这个半原子面如同刀刃一样插入晶体,故称为刃型位错。在位错的附近区域,晶格发生了畸变。

位错的特点之一是很容易在晶体中移动,金属材料的塑性变形便是通过位错运动来实现的。

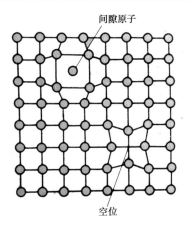

图 3-8　空位和间隙原子的示意图

（三）晶界和亚晶界

实际金属为多晶体，是由大量外形不规则的小晶体即晶粒组成的。每个晶粒可以为单晶体。所有晶粒的结构完全相同，但彼此之间的位向不同，位向差为几度或几十度。晶粒与晶粒之间的接触界面称为晶界，如图 3-9 所示。晶界处的原子排列是不规则的，原子处于不稳定的状态。

试验证明，即使在一颗晶粒内部，其晶格位向也并不像理想晶体那样完全一致，而是分隔成许多尺寸很小，位向差也很小（只有几秒、几分、最多达 1°～2°）的小晶块，它们相互嵌镶成一颗晶粒，这些小晶块称为亚晶粒（或嵌镶块）。亚晶粒之间的界面称为亚晶界。图 3-10 为亚晶粒示意图。亚晶界处的原子排列与晶界相似，也是不规则的。

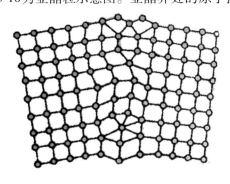

图 3-9　晶界的过渡结构示意图　　　　　　图 3-10　亚晶粒示意图

晶体中存在空位、间隙原子、位错、亚晶界及晶界等结构缺陷，都会造成晶格畸变，引起塑性变形抗力增大，从而使金属的强度提高。

第二节　纯金属的结晶

金属材料通常都需要经过冶炼和铸造。都要经历由液态变成固态的凝固（结晶）过程，也就是原子由不规则排列的液体逐步过渡到原子规则排列的晶体的过程。了解金属结晶的过程及规律，对于控制材料内部组织和性能是十分重要的。

一、纯金属的冷却曲线及过冷度

金属的结晶过程可以通过热分析法进行研究。图 3-11 为热分析装置示意图。将纯金属加热熔化成液体,然后缓慢地冷却下来,在冷却过程中,每隔一定的时间测量一次温度,将记录下来的数据描绘在温度—时间坐标图中,便获得纯金属的冷却曲线。图 3-12 所示为纯金属冷却曲线的绘制过程。

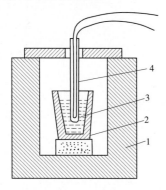

1—电炉;2—坩埚;3—金属液;4—热电偶

图 3-11　热分析装置示意图

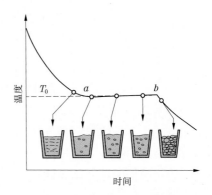

图 3-12　纯金属冷却曲线的绘制过程

由冷却曲线可见,液体金属随着冷却时间的延长,它所含的热量不断向外散失,温度也不断下降。当冷却到 a 点时,液体金属开始结晶。由于结晶过程中释放出来的结晶潜热,补偿了散失在空气中的热量,因而温度并不随时间的延长而下降,直到 b 点结晶终了时才继续下降。a、b 两点之间的水平线段即为结晶阶段,它所对应的温度就是纯金属的结晶温度。理论上,金属冷却时的结晶温度(凝固点)与加热时的熔化温度应是同一温度,即金属的理论结晶温度(T_0)。

实际上,液态金属总是冷却到理论结晶温度(T_0)以下才开始结晶,如图 3-13 所示。实际结晶温度(T_1)低于理论结晶温度(T_0)这一现象称为过冷现象。理论结晶温度和实际结晶温度之差称为过冷度($\Delta T = T_0 - T_1$)。金属结晶时过冷度的大小与冷却速度有关。冷却速度越快,金属的实际结晶温度越低,过冷度也就越大。

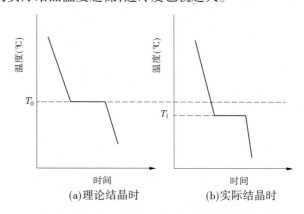

(a)理论结晶时　　　　　　　(b)实际结晶时

图 3-13　纯金属结晶时的冷却曲线

二、纯金属的结晶过程

液态金属的结晶是在一定过冷度的条件下,从液体中首先形成一些微小而稳定的固体质点开始的,这些固体质点称为晶核。晶核不断长大成为晶体,直到它们互相接触,液体完全消失为止。因此,结晶过程是形核及晶核长大的过程。

结晶开始时,液体中某些部位的原子集团先后按一定的晶格类型排列形成微小的晶核,然后晶核向着不同位向按树枝生长方式长大,当成长的枝晶与相邻晶体的枝晶互相接触时,晶体就向着尚未凝固的部位生长,直到枝晶间的金属液全部凝固。最后形成了许多互相接触而外形不规则的晶体。这些外形不规则而内部原子排列规则的小晶体称为晶粒。由于每个晶粒的位向不同,它们相遇时不能合为一体,中间由一层分界面隔开。

结晶后的晶粒呈相同的位向,这种晶粒称为单晶体,如图 3-14(a)所示,单晶体的性能是“各向异性”的。如果结晶后的晶体是由许多晶粒组成的,则称为多晶体,如图 3-14(b)所示。由于多晶体内各晶粒的晶格位向互不一致,它们自身的“各向异性”彼此抵消,故显示出“各向同性”,亦称为“伪无向性”。

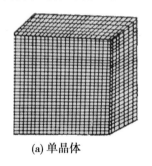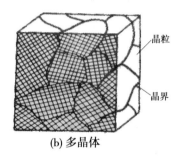

(a) 单晶体　　　　　　　　(b) 多晶体

图 3-14　单晶体和多晶体结构示意图

三、晶粒大小对力学性能的影响

金属的晶粒大小对金属的力学性能有重要的影响。一般来说,在室温下,细晶粒金属具有较高的强度和韧度。

为了提高金属的力学性能,必须控制金属结晶后的晶粒大小。分析结晶过程可知,金属晶粒大小取决于结晶时的形核率(N 为单位时间、单位体积内所形成的晶核数目)与晶核的长大速度(v)。形核率越大,则结晶后的晶粒越多,晶粒也越细小。因此,细化晶粒的根本途径是控制形核率。常用的细化晶粒方法有以下几种。

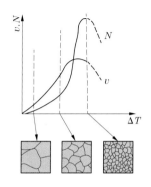

(一)增加过冷度

如图 3-15 所示,形核率和长大速度都随过冷度 ΔT 增长而增大,但在很大的范围内形核率比晶核长大速度增长更快。因此,增加过冷度总能使晶粒细化。

这种方法只适用中、小型铸件,对于大型零件则需要用其他方法使晶粒细化。

图 3-15　形核率和长大速度与过冷度的关系示意图

（二）变质处理

在液态金属结晶前加入一些细小的形核剂（又称变质剂），使它分散在金属液中作为人工晶核，可使晶粒显著增加，这种细化晶粒方法称为变质处理。钢中加入钛、硼、铝等，铸铁中加入硅铁、硅钙等都能起到细化晶粒的作用。

（三）振动处理

在结晶时，对金属液加以机械振动、超声波振动和电磁振动等措施，把生长中的枝晶破碎，从而提供了更多的结晶核心，可达到细化晶粒的目的。

第三节　贵金属合金的相结构

虽然纯的贵金属在工业和珠宝首饰业上获得了广泛的应用，但受其性能的局限性，不能满足各种场合的使用要求。为了进一步提高贵金属的强度和硬度，提高金、银、铂首饰的耐磨性能，实践证明，合金化是最有效的途径。如日本研究工作者将足金的硬度提高到与18K金相当的硬度水平，解决了长期以来足金不能用于镶嵌珠宝的难题。因此，目前在珠宝首饰界应用的贵金属材料，并不是希望高纯度的贵金属材料，而是趋于使用贵金属的合金材料。同时，合金化还可解决贵金属材料单一色彩的缺点，可以生产制造出丰富多彩的彩色贵金属首饰。

合金是指由两种或两种以上的金属或金属与非金属经熔炼、烧结或其他方法组合而成并具有金属特性的物质。如常见的18K金就是由75% Au、15% Cu 和 10% Ag 所组成的金、铜和银合金。

要了解贵金属材料经合金化后是如何改变材料性能的，首先要知道合金元素加入后不同元素之间的相互作用情况以及可能形成的合金相、结构类型和性能特点等，然后分析合金的组织特征以及各组成相的形态、大小、数量和分布，最后了解不同组织特征下的合金性能。

所谓的合金相就是合金中具有同一聚集状态、同一结构和性质的均匀组成部分。合金在固态下可以形成均匀的单相合金，也可能由几种不同的相组成多相合金。如含 Zn 为30%（质量）的 Cu–Zn 合金是单相合金（一般称为单相黄铜），它是锌溶于铜中的"固溶体"，而含 Zn 为40%时，则是两相合金（称为两相黄铜），即除形成固溶体（α 相）外，铜和锌还结合成另一种新相（β 相），又称为中间相（或称金属间化合物），β 黄铜是一种电子化合物 CaZn。根据 Cu–Zn 合金中元素 Zn 的含量和加工处理状态的不同，α 相和 β 相的数量、形态、大小和分布情况也会不同，从而构成了 Cu–Zn 合金的不同组织，表现出不同的性能。

虽然在各种合金中的组成相是多种多样的，但可以把它们归纳为固溶体和中间相这两种基本类型。这两大类合金相又可按其成分和结构特点进一步分为若干具体类型，概括如下：

（1）固溶体。置换固溶体和间隙固溶体。

（2）中间相。正常价化合物、电子化合物、间隙相和间隙化合物及超结构。

一、固溶体

固溶体是溶质原子溶入固体溶剂中所形成的均一的结晶相。固溶体的晶体结构仍然保持着溶剂的结构。溶质原子或是置换了溶剂结构中的一部分原子，或是处于溶剂结构的间隙位置,前者称为置换固溶体,后者称为间隙固溶体。有些固溶体同时兼有两种方式。如Pd – Ag合金中钯原子与银原子以置换形式形成固溶体,而一些小半径原子(如氢原子)则以间隙方式溶入。固溶体的晶体结构虽然与溶剂结构相同,但由于溶质原子的溶入引起了晶格常数的改变,并导致晶格畸变,使其性能发生变化,如强度升高、韧性降低。

　　贵金属在固态都能溶解一些溶质原子,但它们的固溶度是不同的。例如,金和银在液态和固态都可以任何比例互溶,其晶体结构为面心立方,而银与镁则只能有限互溶。加入过多的镁,则会形成金属间化合物。锌在铜中的固溶度也是有限的,在室温条件下不超过39%,即固溶体按固溶度还可分为有限固溶体和无限固溶体两种。两组元在固态呈无限互溶时,其合金成分可以从一个组元连续改变到另一个组元,所以又称为连续固溶体。有限固溶体的固溶度与溶质原子的种类、环境温度等因素有密切关系,一般情况下,温度升高,固溶度增加。

(一)置换固溶体

　　形成置换固溶体时,溶质原子置换了溶剂结构中的一些溶剂原子,如图3-16所示,表示铜溶于金中的置换固溶体,其中一些金原子被铜原子所置换。

　　许多贵金属元素之间都能形成置换固溶体,但固溶度因溶质元素和环境条件而异。影响置换固溶体固溶度的因素很多,主要有以下四种因素。

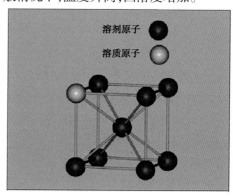

图3-16　置换固溶体

1. 组元的晶体结构因素

　　晶体结构相同是组元间形成无限固溶体的必要条件。因为只有当组元A与B的晶体结构类型相同时,B原子才有可能连续不断地置换A原子,最终B原子全都替代A原子,如果两组元的结构类型不同,组元间的固溶度只能是有限的。即便是形成有限固溶体,溶质与溶剂晶体结构类型相同时固溶度往往较大,晶体结构类型不同时,固溶度较小。

2. 原子尺寸因素

　　贵金属材料的固溶体类型与形成该固溶体元素的原子尺寸有关,只有当溶质与溶剂原子的半径相近时,才可能形成无限互溶的固溶体;反之,只能形成有限固溶体。在其他条件相近的情况下,原子尺寸相对差别越大,固溶度越受限制。统计资料表明,溶质与溶剂原子半径相对差别小于14% ~15%时,可形成较大甚至无限的固溶体。原子尺寸差别对固溶度的影响是由于溶质原子的溶入会引起溶剂结构产生局部畸变,若溶质原子半径大于溶剂原子半径,则溶质原子将排挤它周围的溶剂原子;若溶质原子半径小于溶剂原子半径,则其周围的溶剂原子向溶质原子靠拢,如图3-17所示。两者的尺寸相差越大,晶体结构畸变越严重,结构的稳定性越低,从而限制了溶质的进一步溶入,使固溶度减小。不同元素的原子半径见表3-1。

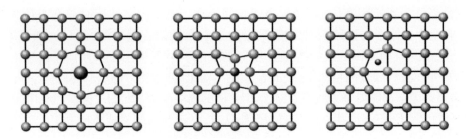

图 3-17　晶体结构畸变

表 3-1　不同元素的原子半径

元素	Pt	Pd	Rh	Au	Ag	Cu	C	O	N	H
原子半径（nm）	0.130	0.128	0.125	0.134	0.134	0.121	0.077	0.060	0.071	0.046

3. 化学亲和力因素

固溶体的固溶度与溶质元素和溶剂元素之间的化学亲和力密切相关,两者的化学亲和力越强,则固溶体的固溶度越小,越倾向于生成化合物而不利于形成固溶体。组元的化学亲和力通常以电负性因素来衡量,两元素的电负性相差越大,则它们的化学亲和力越强,生成的化合物越稳定。因此,只有电负性相近的元素才可能具有较大的固溶度。元素的电负性具有一定的周期性,在同一周期内,电负性自左向右(随原子序数的增大)而增大;而在同一族中,电负性由上而下逐渐减小,如表 3-2 所示。

表 3-2　元素电负性变化趋势

周期	族电负性增强→			
	Ⅷ			Ⅰ B
4	26　Fe　铁	27　Co　钴	28　Ni　镍	29　Cu　铜
5	44　Ru　钌	45　Rh　铑	46　Pd　钯	47　Ag　银
6	76　Os　锇	77　Ir　铱	78　Pt　铂	79　Au　金

4. 原子价因素

当以周期表中副族元素为溶质加入到一价的面心立方金属金、银或铜中时,发现在尺寸因素有利的条件下,溶质元素的原子价越高,所形成的固溶体固溶度越小。例如,在银和铜中的最大固溶度如表 3-3 所示。

表 3-3　不同原子价元素在铜和银中的最大固溶度

元素	Zn	Ga	Ge	As
化合价	2	3	4	5
在铜中的最大固溶度(%)	38	20	12	7
元素	Cd	In	Sn	Sb
化合价	2	3	4	5
在银中的最大固溶度(%)	42	20	12	7

（二）间隙固溶体

有些溶质元素的原子半径甚小,当它们加入到溶剂中时,由于与溶剂的原子半径相差较大,不能形成置换固溶体。但是,如果这些原子的尺寸接近于溶剂晶体结构中某些间隙的大小,则溶质原子可处于这些间隙位置,形成间隙固溶体,见图3-18。置换固溶体和间隙固溶体比较见图3-19。形成间隙固溶体的溶质元素主要是一些原子半径小于0.1 nm的非金属元素,如H、B、N、O、C等,它们的原子半径见表3-1。间隙固溶体的固溶度不仅与溶质原子的大小有关,也与溶剂晶体结构中间隙的形态和大小有关,与固溶温度有关。

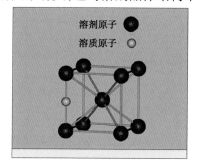

图3-18　间隙固溶体

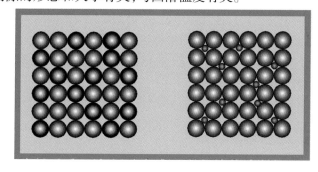

图3-19　置换固溶体和间隙固溶体比较

（三）固溶体的微观不均匀性

在热力学平衡状态下,固溶体的成分从宏观来看是均匀的,但从微观来看其溶质原子的分布往往是不均匀的。溶质原子在固溶体中的分布可有以下三种情况。

1. 无序分布

溶质原子在溶剂结构中的位置是随机的,呈统计平均分布,这种分布称为无序分布。

在完全无序的情况下,任一溶剂原子最近邻的溶质原子概率应等于溶质在固溶体中的原子分数。实际上,溶质原子完全无序分布的情况通常并不存在。只有在溶质浓度甚低的稀薄固溶体中或在高温时,溶质原子才有可能接近于无序分布。

2. 偏聚分布

当固溶体中同类原子对(AA或BB)的结合较异类原子对(AB)强时,同类原子倾向于聚集在一起出现成群分布现象。这种情况称为偏聚分布。在溶质原子偏聚的区域,溶质原子的浓度远远超过了它在固溶体中的平均原子分数。

3. 短程有序分布

当固溶体中的异类原子对(AB)的结合较同类原子对(AA或BB)为强时,则溶质原子在溶剂结构中的位置趋向于按ABAB…AB的规则呈有序分布。这种有序分布通常只在一小范围内呈短距离存在,称为短程有序分布。在一定条件下,如溶质浓度达一定分数,并由高温缓慢冷却时,某些合金可在整个晶体结构中呈长距离的完全有序分布,这种长程有序的固溶体称为有序固溶体或"超结构"。超结构与固溶体相比,其性能有很大的差异,从某些方面来看,它更接近于中间相。

贵金属合金材料中的溶质原子分布状态对合金材料的性能有很大影响,固溶体的微观不均匀性反映在宏观上会表现出合金材料性能的差异。对于首饰贵金属合金,大多数是高熔点金属,如Pt的熔点为1 763 ℃,一般要求有较高的合金化温度和较长的合金化时间,而

实际上通常在较短的时间内完成合金化过程,因此往往获得微观不均匀性固溶体,甚至存在较严重的溶质原子偏聚现象,从而影响贵金属合金的工艺性能。对合金材料微观特性有一个明确的了解将有利于更好地应用贵金属材料。合金中的溶质原子分布情况可通过 X 射线衍射方法进行分析。

二、中间相

由组元 A 和 B 组成的合金,除了可形成以 A 为基或以 B 为基的固溶体,当超过固溶体的固溶度极限时,还可能形成晶体结构不同于该两组元的新相,由于这种新相在合金二元相图上所处的位置是两个固溶体区域之间的中间部位,所以通常把这些合金相总称为中间相。如在 Au – Pd 合金中,当 Pd 含量为 80% 左右、温度适宜时形成的 $AuPd_3$ 中间相。

中间相的类型很多,主要有服从原子价规律的正常价化合物、取决于电子浓度的电子化合物以及有序固溶体(超结构)等。它们主要有以下特点:

(1)中间相通常按一定的或大致一定的原子比结合起来,可用化学分子式来表示。由于中间相多数是金属之间的化合物,其结合是以金属键为主,故往往不遵守化合价规律。

(2)中间相具有不同于组分元素的另一种晶体结构,组元原子各占一定的结构位置,呈有序排列,但也有一些中间相的有序程度不高,甚至在高温时为无序态,只有在较低温时才转变为有序排列,如 $CuZn$、Cu_3Au 等。

(3)中间相的性能不同于组元,往往有明显的改变,但一般仍保留金属的特性。中间相的形成也受原子尺寸、电子浓度、电负性等因素的影响。有关内容可参阅相关教材,在此不再介绍。

练习题

1. 简述晶体与非晶体的异同点。
2. 首饰贵金属的主要晶体结构类型有哪些? 它们各有什么特点?
3. 金属晶体中的结构缺陷有哪些? 它们对金属的力学性能有何影响?
4. 纯金属结晶时,其冷却曲线为何产生水平线段?
5. 液态金属结晶时,细化晶粒的常用方法有哪几种?
6. 什么叫合金? 举例说明合金与组成该合金的金属有什么异同点?
7. 什么叫固溶体? 按成分和结构特点又可分为哪些类型?
8. 固溶体有哪些特性? 影响固溶体固溶度的主要因素有哪些?

第四章　金及金合金材料

第一节　概　述

金化学符号为 Au，这是最早为人类所了解的元素之一。迷人的黄色金属光泽，几千年来，在人类的心目中是财富和权力的象征。在中古时代，人们曾梦想以人工的方法制造出黄金，而发展了一种所谓的炼金术。现在的科学技术已成功地将当年的梦想变成现实，人类现在可以从海水中提炼出黄金，借助于电子加速器，便可将铅、水银等元素制造成黄金。亦可以从金属铂、钛等金属矿物中提炼出黄金。不过，现在所有的首饰行业和工业用金，仍然全部采自于地壳中的各矿床。

金在古代曾被认为是宇宙物质组成的五种基本元素之一。我国古代文献《尚书·洪范》中载有"五行：一曰水，二曰火，三曰木，四曰金，五曰土"，说明金为五行之一。我国古代的五行说与古印度的"地水风火"四原子说及古希腊的"火气水土"四原子说有异曲同工之处，只是这两种外国学说都没有把金包括进去。而在我国古代文明对金的认识中，金是被当作宇宙构成的基本元素之一看待的，黄金可以说是象征天地宇宙的一种精灵。

《中国大百科全书》中指出，早在新石器时代（4 000 ~ 10 000 年前）人类已认识了黄金。但人类真正对黄金的认识、开发与利用，有确切记载的历史大抵始于青铜器时代。

一、金的概念与含义的演变

"金"的最初含义并不是指黄金，而是泛指人类从石器时代进入金属器时代（包括铜器和铁器时代）时所发现、开发和利用的各种金属及其合金材料。值得指出的是，我国古代"金"这一概念最早的确切含义是指铜。齐国的官书《考工记》中常将"金、锡"并称，而这里的"金"即指铜，而且除铜、锡这两个名称外，当时还没有出现别的金属名称。这与古代人类刚刚经历漫长的石器时代迈入第一个金属器时代——青铜时代对金属铜的认识是一致的。现代考古学证实，夏商周青铜时代的青铜多为铜锡二元合金或铜铅锡三元合金，也证实了如上的看法。后来，《禹贡》中载明荆州和扬州贡"金三品"（即铜三色）、青州贡铅、梁州贡铁和银以及扬州贡锡，《山海经·五藏山经》则讲到除铅外的金、银、铜、铁、锡"五金"。由此可见，在我国先秦文献中，"金"不专指黄金，虽然其最早的含义仅指铜，但"金"通常都是泛指各种金属。到了汉代，"金"才开始用来专指"五金"之中的黄金，这就是"金"的狭义概念。许慎《说文解字》载："金，五色金也。黄为之长，久埋不生衣，百炼不轻，从革不违……"这里讲到黄金的"黄为之长""久埋不生衣""百炼不轻""从革不违"等特性，与今天金的特性已十分相似，并且说明了当时的"金"因色泽的差异，其性质不同，即"金"中的黄色者为现在的黄金，而其他颜色的"金"可能就是其他的金属了。《说文解字》对"金"进行了详细的解释。"金，五色金也"，即金黄金、银白金、铅青金、铜赤金、铁黑金。这里第一次阐述了五金

的本质。从中可以看出,五金之中并没有包括金属锡。东汉时的许慎认为锡为银与铅之间的物质。现时人们所称的"五金"通常指金、银、铜、铁、锡,用锡取代了古代五金中的铅,看来这其中还是很有缘由的。可以认为当时的"金"是泛指"金属",如金、银、铜、铁、铅、锡等,即"金"的广义概念。

二、全球黄金的资源量

世界上黄金的资源量以南非为最多,占世界总储量的 60% ~65%。苏联约占 20%,美国和加拿大各约占 10%。若把地壳中的黄金全部"淘"出来,可达 840 亿 t,在地壳 92 种元素中居第 74 位。

黄金在自然界中的分布非常广泛,不仅存在于地壳之中,也存在于地球表面的水圈、生物圈与大气圈中。前不久,美国、英国与欧洲经济共同体联合发射的一颗国际紫外线探测卫星,探测到位于双子座以东,狮子座以西的巨蟹座中,有一颗明亮的星,大小约为太阳的 3 倍。科学家的研究表明,它的表面由多达 1 000 亿 t 的黄金构成,相当于地壳中已探明的黄金资源总量的 160 万倍,可谓名副其实的"金星"。但距地球太远,可望而不可及。

在地球上人类能够利用的金还是有限的,以地壳中金的平均含量 0.003 5 g/t 计算,以目前人类能够开采的最深达地下 3 000 m 深度计算,估计这一深度的地壳中约有 30 亿 t 的黄金开采量。但由于科学技术与经济条件的局限,人类自古以来到 20 世纪 70 年代末总共开采和生产的黄金也只有约 93 000 t,可见人类从自然界中得到的黄金也只是地壳 3 000 m 深度以内黄金储量的很小一部分。即使在现有的经济、技术条件下,可开采的黄金资源也非常有限。以具有开采价值的黄金储量计算,现在地壳中已探明的储量约为 60 000 t。

三、黄金的发展历史与现状

自从人类认识黄金以来,黄金便与财富和权势联系在一起。不论是从地底开采出来的还是从河沙中筛淘出来的,黄金在人们的心目中同样是美丽、财富和幸福的象征。古埃及和古罗马几千年的文明史都因为黄金的滋润而光辉灿烂。同时,它也是数世纪以来引起偷窃、暴乱或叛变的因素之一。黄金在人类文明史中扮演了十分重要的角色,它曾亲见努比亚矿区的悲惨情形、亚力山大和拿破仑时代的宫殿圆顶以及浩瀚的外太空。当人类第一次登上月球、漫步太空时,金箔保护着太空人以及他所使用的器材,以避免受到太空高能射线的辐射。

人类首次发现黄金的确切时间已不可考证,历史学家和考古学家经过各种努力还不能得出确切的答案。通常人们把葬有金器物的古墓下葬时间当作人类开始认识黄金的正式时间。随着考古学界新的发现和历史学界新的成果,这个时间在不断地往前推进。

20 世纪 80 年代初期,人们在葬于公元前 4 100 ~3 900 年间的埃及古墓里,发现镶有金柄的石刀和金项链,推断人类在 6 000 年前就认识了黄金。可是 1986 年,在保加利亚瓦尔纳一处 7 000 年前的墓地里,发现了一批金器。考古学家的初步鉴定认为,它是人类历史上迄今所发现的最古老的黄金制品。这样一来,人类认识黄金的历史又向前推进了 1 000 年。人类最早发现的黄金主要是自然金块和江河湖泊的砂金,其发现都具有一定的偶然性。

从这些出土的金饰品之中可以看出,当时黄金饰品的制造技术已是相当的先进和发达了。人类对黄金的崇拜已有几千年的历史,黄金饰品的灿烂光辉使古代的人们联想起他们曾视为生命创造者而加以膜拜的太阳,故被先民们认为是"太阳的灵魂"。因此,黄金饰品大多为神圣的宗教祭典之用,在埃及、中国、印度及美洲,莫不如此。3 300多年前,埃及王吐坦克哈曼就是被放在一具由纯金制成的金棺中埋葬的,该金棺重达2 450磅(1磅=0.453 6 kg)。南美洲已灭绝的印加帝国曾铸造为数极多的黄金制品。哥伦布到达新大陆之后,随后去的欧洲人虽然掠夺了大量的黄金带回欧洲,但近些年来在安底斯山脉附近出土的印加遗物中仍有不少黄金制品。

黄金是人类最早发现并开采和使用的一种贵金属,古代埃及就已经知道利用灰吹技术从金、银、铅的合金中析出金和银。在古埃及的国王陵墓里曾经发现用灰吹法炼得的金珠。大约公元前550年,今土耳其西部的克洛萨斯国王下令将其肖像铸印在每一枚金币上,一枚最古老的金币诞生了,其价值由统治者认可。金制货币渐渐取代了贝壳、兽皮和牛羊牲口而成为另一种价值单位。这种交易方式的改变,为此后几千年的货币交易制度奠定了坚实的基础。

在黄金的开采史上,西方的殖民主义是一个十分重要的影响因素。人们为了寻找黄金,不惧千难万险去寻找金矿。西班牙人曾到墨西哥寻找黄金,为了夺取黄金和宝藏,他们不惜屠杀了数万名印第安人。在秘鲁也同样制造了类似的悲剧,他们带着军队侵入安底斯高地,掠夺了数十吨的金制工艺品。为了便于将这些金制品运送回国,竟将所有的工艺品全部熔化为金块,那些具有时代、民族艺术风格的历史珍品也就在地球上永远消失了。

我国也是世界上开采和使用黄金最早的国家之一,距今大约4 000多年以前,我国古代劳动人民便已开始采金。3 000多年以前,已能够制造精美的金质艺术品。我国发掘出土的殷代墓葬中有金叶和金块。1963年陕西省临潼县栎阳镇在秦代栎阳宫遗址发现八块战国时代的金饼,其中5块刻有秦篆书"四两半"字样,经过鉴定,金饼的纯度高达99%以上,距今已有2 100年的历史。河北省满城县出土了汉代中山靖王刘胜的金镂玉衣(是汉代皇帝和高级汉族死后的殓服,又称"玉匣"或"玉柙")。据鉴定,该玉衣共用2 498块玉片、1 100 g金丝,玉片为新疆和田玉,玉质佳美,做工精细。玉片大小和形状按人体各部分不同形状设计,有长方形、方形、三角形、梯形,玉片的角上穿孔,用黄金制成的丝缕组成头部(脸盖、头罩)、上衣(前片、后片、左右袖筒)、裤筒(左、右)、手套、鞋五大部分。从整体外观看和人体形状一样,头部的脸盖还刻制出眼、鼻、嘴的形状,那晶莹的玉片,橙黄的金丝,精细的做工,吸引着众多参观者。西汉时期的鎏金技术工艺品,不仅说明我国古代从事黄金的加工技艺之精湛,而且在应用上已有着非凡的成就。

我国黄金资源十分丰富,在30个省、市、自治区都有金矿藏,已发现黄金矿点的县(旗)达830个,占全国2 130个县(旗)的40%。黄金矿点达3 000多处。从长白山到阿尔泰山(维吾尔语称金山)、大雪山(又名夹金山)的许多大小山脉都有脉金分布。目前,我国正在加强黄金采矿和生产,黄金的产量将得到不断增长。

四、金的成色表示方法和计量单位

(一)金的成色表示方法
表示黄金成色(即含金量)的方法有以下两种。

1.百分制
百分制是我国历来用以表示黄金成色的方法,以纯金为100%计算,10%称为一成,1%

称为一色,0.1% 称为一点。

2. K 制(中译为开制)

K 数是国际上通用的计算黄金纯度或成色的方法。K 是 Karae 的第一个字母,由 Carat (克拉)派生而来。克拉本是衡量珍贵珠宝的计量单位,后来也被用来表示黄金的成色。为了不致混淆,简称为 K,以示区别。把纯金分成 24 等份,称为 24K,1/24 叫作 1 K,14/24 叫作 14 K,18/24 叫作 18 K。也就是说,18/24 为金,6/24 则为其他金属。

3. 百分制与 K 制的换算

按照 1 K = 1/24,即 1 K 含金为 4.166 667%。由于金无足赤,当前确定每 K 含金量为百分制 4.166%,14 K = 4.166% × 14 = 58.32%,18 K = 4.166% × 18 = 75%,20 K = 4.166% × 20 = 83.32%,24 K = 4.166% × 24 = 99.98%,其余类推。国家标准中又规定,金含量达 99.0% 以上,称足金;而 24 K 现规定为黄金的理论纯度,理论上含金量为 100%。因实际中金含量不可能达到 100%,因此 24 K 这个专用名词暂不使用,代而使用足金等。

4. “千金”的含义和解释

据史料记载,秦时以 20 两或 24 两为一镒,一镒为一金。《汉书·食货志》载:“千金谓黄金千斤,汉代以一斤金为一金,价值万钱”。秦汉时期所谓金,多指黄铜。“千金”即黄铜千斤。而后,“千金”演变为贵重、价值昂贵之意。《史记·刘敬叔孙通列传》中有“千金之裘,非一狐之腋也”;东汉崔骃《七依》内有“一笑千金”;北宋苏东坡《春夜》里有“一刻千金”;《吕氏春秋》中“一字千金”都是这个意思。

(二)金的计量单位

自古以来,金、银的计量单位随着历史的变迁和度量衡的变化而不断变化着。而世界上各个国家的计量单位也不尽相同。

1. 国际上的金衡

目前,国外使用金银计量单位较多,通用的金衡除了克、千克还采用金衡“盎司”来表示金、银的重量。“盎司”的英文为 Ounce,代号为 oz。盎司有两种:一种是我们说的金衡盎司,一金衡盎司等于 31.103 46 g;还有一种盎司叫常衡盎司,一常衡盎司等于 28.349 5 g。在国际交易中,贵金属的计量一律采用金衡盎司。另外,世界上少数国家也用“哩”“本尼威特”“公吨”和“短吨”作为贵金属的计量单位。一短吨等于 2 000 常衡磅或 907.2 kg。

除了以上几种计量单位,国外还使用另外三种金衡,较大的金衡单位称“磅”。磅也有金衡磅和常衡磅之分,金衡磅的英文为 Poundthrust,它的缩写为 b. t,一金衡磅等于 373.24 g。常衡磅的英文为 Pound,缩写为 lb,一常衡磅等于 453.6 g。再有一种金衡单位为“英钱”,缩写为 dwt,1 英钱等于 1/20 oz,也就是 1.555 173 g。还有一种最小的金衡单位是“格令”,英文名为 Grain,缩写为 gr,1 英钱等于 24 gr,也就是一格令等于 0.064 799 g。

1)盎司(Ounce)

盎司是国际上惯用的计量单位,英美制的盎司分金衡盎司、常衡盎司与药衡盎司三种,三者的进制和重量各不相同:

1 金衡盎司 = 1/12 金衡磅 = 20 金衡英钱 = 31.103 5 g;

1 常衡盎司 = 1/6 常衡磅 = 16 常衡英钱 = 18.35 g;

1 药衡盎司 = 1/12 药衡磅 = 8 药衡英钱 = 31.103 g。

其中,盎司又称英两,磅又称英磅,可见英两数值总是略小于中国的“两”。

2)克拉(Carat)

克拉制是以非洲和地中海地区的一种角豆树的种子作为计量单位,这种角豆树种子重量基本恒定为0.2 g左右。因此,有1克拉＝0.2 g＝100分,克拉一般用于珠宝的计量单位。

2.我国的金衡

我国的金衡单位也因时代的不同出现过多种金衡制。公元前221年,秦始皇统一中国后,就把黄金作为货币中的上币,并规定了计量单位为"溢"。随着时代的变迁,金、银的计量单位也变成了"两"。一市斤等于16两,一两等于31.25克。这种16两制的"两",我们称为小两。中华人民共和国成立前,我国民间用戥子秤来称贵重物品,使用的计量单位就是两、钱、分、厘。

中华人民共和国成立后,政务院统一了度量衡单位,金、银一律以"吨"(t)、"公斤"(kg)和"克"(g)来计量,但民间的一些地方,尤其是在农村,仍时常使用"两"来计量金、银。在我国的香港、澳门和广东部分地区曾经使用过"司马两",至今仍在少数地方使用,一司马两等于37.425 g。

1)斤和两

黄金重量的计量单位有斤、两、钱、分、厘等,相互间的换算关系如下:

1斤＝10两(16小两);

1两＝10钱;

1钱＝10分;

1分＝10厘。

2)司马两

我国传统的斤两一般都使用市制,但由于某些特殊的原因,还有库平、关平以及港澳台、广东、东南亚一带常用的司马平等计量体系,它们与公制重量单位的换算关系如下:

1市斤＝0.5 kg;	1小两＝31.25 g;
1关平斤＝0.604 7 kg;	1关平两＝37.799 4 g;
1库平斤＝0.596 8 kg;	1库平两＝37.401 g;
1司马斤(1台斤)＝0.6 kg;	1司马两(1台两)＝37.500 0 g。

其中,关平斤两制与国际接轨性较强,关平的12两与英美制常衡的1磅数值相等。

五、金的分类

金只指黄金,不包括铂,因"铂"字由"金"和"白"字构成,所以俗称白金。一般所说金银包括黄金、白金和白银三种。

黄金分生金和熟金两种。

(一)生金

凡是由河底或矿山开采出来而未经过熔化提炼的黄金都叫生金,也叫天然金。生金又分为砂金和矿金两种。

砂金也叫麸金,产于河底冲积层,呈砂粒形状,与河滩里的砂石混杂在一起。矿金也叫山金或合质金,产于矿脉中。

（二）熟金

生金经过熔化提炼后，便成为熟金，熟金的性质比生金柔软。

过去习惯上曾以成色高低分为纯金、赤金、色金三种。中华人民共和国成立后，国务院授权管理金银的专业部门——中国人民银行总行（简称总行），曾根据市场习惯将99%成色以上的金称为赤金，99%以下的金称为色金，自1955年起除中国人民银行总行指定的熔炼厂按照一定的成色、重量、规格标准提炼的金为"成品金"外，其他不论其成色高低，统称杂色金。

根据所含杂质金属的种类不同，金又分为清色金和混色金两种。

1. 清色金（简称清金）

黄金中只夹杂白银成分的金，不论成色高低，都称为清色金。

2. 混色金（简称混金）

黄金内除含有白银外，还含有铜、铅或其他金属的金叫混色金。通常是含银、铜的比较多，含铅和其他金属的较少。根据所含金属成分不同，混金又分为小混金和大混金。

小混金，指黄金内除含有银外，还含有少量纯铜（纯净的铜，因纯铜为紫红色，所以又称"紫铜""红铜"或"赤铜"），一般含铜0.01%~0.1%。小混金的颜色比青金微红，不光润，质较硬，掷之有长韵音。

大混金比小混金合铜量多，或含有青铜及铅元素等。根据所含其他金属的成分不同，又分为红铜大混金、青铜大混金、铅混金等。

（1）红铜大混金含纯铜量要比小混金多，表面是紫红色，经火烧后，就变为黑色，黑色越重，成色越次，质坚硬，击之有长韵音，磨在试金石上，其紫红颜色非常明显。

（2）青铜大混金有两种不同的形成条件：一种是天然形成的，产于金脉矿中，本身就含有青铜的成分；另一种是人为在黄金中加入白银和青铜而形成的。过去，有的商人为了从中牟利，在黄金中有意掺入青铜。青铜大混金，颜色黄青，有宝光，体质较硬，击之有铜音，在试金石上磨时有滑感。

（3）铅混金是生金未经提炼，只经过熔化形成条、块、锭，其所含的铅一般是矿金中自然形成的，不是人为有意掺入的。铅混金成色高者呈灰红色，成色低者呈灰黄色，无光泽。不管成色高低，往往体质发脆，击时易断。

金的分类大致如图4-1所示。

$$
金
\begin{cases}
生金（天然金）——砂金、矿金（山金或合质金） \\
熟金
\begin{cases}
清色金（清金） \\
混色金（混金）
\begin{cases}
小混金 \\
大混金——红铜大混金、青铜大混金、含铅混金
\end{cases}
\end{cases}
\end{cases}
$$

图4-1　金的分类

六、黄金的储备与保值

当我们在了解有关黄金的漫长发展历史时，人类的发展历史中许多的革命、暴乱、征伐、屠杀等事情均与金有着不可分割的联系，人们总是将黄金视为权力、威望与财富的象征，这是为什么？不同的人对这个问题的回答不尽相同。金融界人士会告诉你黄金是衡量货币和经济的最佳"晴雨表"，黄金在政府、机构和个人之间，都扮演着同等或不可或缺的重要角

色,它的广泛流通性是任何物质所不可比拟的,这是黄金成为交易者最爱使用的媒介物的重要因素;黄金珠宝行业的人士则会强调黄金具有卓越的特性,耐高温不氧化、耐酸碱不腐蚀、惊人的柔软和可延展性等;投资者所看中的是黄金数量稀少的事实,黄金的价值多半是因为"物以稀为贵"的关系,有史以来,全世界所开采到的黄金仅约十多万吨。

在社会安定的和平时期,黄金的价值不易被人们所发觉,但在社会动乱的战争年代,黄金的价值就会显现出来。如在战争即将爆发的时候或地震、飓风等天灾突然到来之时,为了避免战争或天灾给人们带来的灾难,会有成千上万的难民逃离家园,往往仅有十分短暂的时间可以收拾他们随身携带的物品,其他的只好全部留下。在这种生死攸关的时刻,什么是人们逃难时期最重要的物品呢? 显然人们会选择黄金。大家都深知在逃难时,只有黄金,既便于携带,又能换取他们需要的任何东西,黄金会成为他们的救命资源。

历史上这一类的例子举不胜举,如越南战争、两伊战争等,无数的难民在非常时刻逃离家园时,黄金成了他们最好的避难物资。如在东南亚的社会动荡时期,那些乘船逃离家园的难民,他们用什么买通检查者让他们离开,他们又以什么在一个陌生的环境里重新开始生活? 黄金是他们最理想的选择。通货膨胀使多数人的财产受到损失,又是什么在通货膨胀时期保护他们的财富? 同样又是黄金。又如 2001 年 9 月 11 日发生在美国的恐怖事件,恐怖分子劫机撞毁美国世界贸易大厦后,引发黄金价格暴涨,在几天时间内,黄金价格由原来的每盎司 280 美元,上升到每盎司 310 美元,充分说明了黄金在抗击突发事件的功能和它的价值。

为什么黄金自古以来很受人们的欢迎? 究其原因,黄金不仅是一种高贵、耐久、用途广泛和十分稀少的金属,而且黄金是最重要的硬通货币,作为国际公认的且能永远充当人类财富的保值工具。每当政局不稳,社会动荡时,黄金作为人类最重要的保值资产会令人刮目相看。而且每当经济不稳定、货币贬值时,它的身价更高。黄金作为永恒价值的保值手段,主要体现在其世界货币地位和抵抗通货膨胀、纸币贬值及政治动荡的功能上。首先,黄金几乎是世界上唯一突破地域及语言限制的国际公认货币,人们可能会对一张美钞或港币感到陌生,但绝对不会对一块金子不认识。

在国与国之间的交通运输、通信程度远不及今天这样发达的 17 世纪,世界各国先后不约而同地将黄金列为本土最重要的流通货币之一。我国以黄金作为货币的历史也十分悠久,古代的皇帝就使用"黄金万两"赏赐功臣。国际间的商品交换,需要一种东西来充当价值尺度和交易的媒介,只有黄金可承担这样的重任,黄金曾经一度成为世界货币。

黄金作为世界货币,它的主要作用表现在以下几个方面:

(1)作为价值尺度。黄金的这种职能主要体现在国际间货币的汇价,是以货币的含金量为基础的。

(2)作为购买手段。以黄金为货币可以在世界各国购买各种商品。

(3)作为财富的化身。通过黄金的转移,就可将财富从一国转移到另一国。

黄金充当世界货币的职能主要在金本位制时代最为明显,在黄金美元本位制及目前的货币制度下,黄金的地位已先后大大削弱,不过,现阶段黄金的储藏手段和世界货币的职能仍然发挥着相当重要的作用。

成千上万的人将黄金作为投资资产之一,而且将黄金作为抵抗通货膨胀压力的有效工具,这主要是因为黄金具有高度的流通性,不像房地产资产那样难以在短期内转让。全球的黄金交易每时每刻都在进行之中,它是最具流通能力的硬体资产。除流通性外,黄金的另一个受人青睐的特性就是当黄金被允许在市场上自由交易时,它的价格与其他财物资产具有背道而驰的特点。过去的历史已证明,黄金与其他投资工具的价格背道而驰,它与货币的价值也是背道而驰的。例如1979年及1980年,美国的通货膨胀率高达12%,引发了黄金热潮。投资者为了保值,大量抢购黄金,造成金价节节高升。这个事例说明,黄金是对抗通货膨胀的最有效保值工具。当纸币的购买力日渐衰落时,黄金不仅是最佳的保值工具,而且有增值的能力。黄金的保值作用,不仅在于对抗通货膨胀的经济不稳定,而且在政治局势不稳定时,黄金可以为人们提供理想的保值功能。

第二节　黄金的物理化学性质

黄金为元素周期表第六周期ⅠB族元素,原子序数79,原子量196.97。原子体积为10.11,晶系:面心立方晶格,多晶体结构。

一、金的物理性质

自然金是单同位素体,已知它有质量数为183~204的同位素共22个,只有同位素197的金最稳定。金的原子半径为1.46 Å,由于许多金属的原子半径与金的原子半径非常接近,如银的原子半径为1.44 Å,铂的原子半径为1.39 Å,这就是许多金属能与金形成合金的主要原因。

金的熔点为1 063~1 067 ℃,这是由于测量的手段不同。通常金的熔点在1 062.7~1 067.4 ℃。同样,金的沸点也因测量手段的不同而有差异,在2 700~2 950 ℃变化着。熔融的液态金具有较大的挥发性,熔化后的金会随着温度的升高而不断挥发。

挥发性:金的蒸气压比银低得多,高温下金的挥发性极小,在金的熔炼温度(1 100~1 300 ℃)下,金的挥发损失很小,一般为0.01%~0.025%。金的挥发损失与炉料中挥发性杂质的含量及周围的气氛有关,如熔炼的金中含有5%的锑或汞,金的挥发损失可达0.2%。在煤气中熔炼时金的蒸发损失量为空气中的6倍,在一氧化碳中的损失量为空气中的2倍。金在熔炼时的挥发是由于金有很强的吸气性引起的,金在熔炼状态时可吸收相当于自身体积37~46倍的氢或33~48倍的氧。熔融金吸收的大量气体(如氧、氢或一氧化碳)会随着金的冷凝而析出,出现类似沸腾现象,其中较小的金珠(直径小于0.001 mm的金珠)会随气体的喷出而被强烈的气流带走,从而造成金的飞溅损失。民间有"真金不怕火炼"的俗语,是对1 000 ℃左右的温度范围内而言的,这是因为当时熔金炉和熔金坩埚的局限,黄金一旦融化,也就没有必要继续升温了,所以黄金是会有损耗的。

密度:常温时,金的密度为19.32 g/cm³。金的密度随温度略有变化,金在不同的温度中密度也会有变化。金在1 063 ℃融化时,它的密度只有17.38 g/cm³,1 063 ℃凝固状态时为18.28 g/cm³。金锭中由于含有一定量的气体,其密度略有下降,经压延后其密度将有所上升。

延展性:纯金的延展性是所有金属中最好的,金的硬度很低,为2.5,它的延伸率为40%~50%,横断面收缩率为90%~94%。金具有良好的韧性和可锻性,可制成极薄(可达到0.001 mm)的金箔,1 oz(盎司)的金箔可贴满3 cm²的面积。通常1 g的黄金可以拉成

320 m 的金丝,如果在现代加工条件下,可以拉成 3 400 m 以上。但是,当金中含有铅、铋、碲、镉、锑、砷、锡等杂质时,其延展性能明显下降。如金中含有 0.01% 的铅时,其延展性将大大下降,脆性增加;当金中含有 0.05% 的铋时,甚至可用手搓碎金粒,变成极细的粉末,这就是黄金常以分散的状态广泛分布于自然界中的原因。

导电性:金具有良好的导电性,其导电性仅次于银和铜,为银导电率的 76.7% ,在金属中居第三位。

导热率:金的导热率(25 ℃时)为 315 W/(m·K),是银的 74% 。

颜色:纯金为金黄色,其颜色随其中杂质的种类和数量而改变。如添加银和铂可使金的颜色变为浅黄色,铜能使金的颜色变为深黄色。金粉的颜色为深褐色至黑色。在所有的金属中,金的颜色最黄,越纯的金,它的颜色越鲜艳。但是在自然界中高纯度的黄金极其少见。由于其他金属的掺入(如银、铜等),金的颜色也会从淡黄色变化到黄红色。金矿中开采出来的自然金由于表面常常有一层薄薄的氧化铁,这时的黄金颜色可能呈褐色或是深褐色,甚至是黑褐色。

金的主要物理常数见表4-1。

表 4-1　金的主要物理常数

项目		指标
密度 （g/cm³）	18 ℃	19.32
	1 063 ℃（熔化时）	17.38
	1 063 ℃（凝固时）	18.28
熔点（℃）		1 063
沸点（℃）		2 880
热容（25 ℃时）[J/(mol·K)]		25.2
熔化热（kJ/mol）		12.5
汽化热（kJ/mol）		368
强度极限（kg/mm²）		12.2
延伸率（%）		40 ~ 50
横断面收缩率（%）		90 ~ 94
布氏硬度（kg/mm²）		18.5
比热[卡/(g·℃)]		0.316
导热率（25 ℃）[W/(m·K)]		315
摩氏硬度		2.5

二、金的化学性质

金在化学元素周期表中和银、铜是同族,但它的化学性质却和铂族金属十分接近,金的三价金间的电极电势值很高,达到 1.5 V。金最主要的特征就是它的化学活性很低,在大气和潮湿的环境中金也不会起变化。在高温中金不与氢、氮、硫和碳起反应。由于金在液体中的电极电位值很高,无论是稀的或浓的硫酸、硝酸和盐酸单独使用都不能溶解它,而金能轻易地被王水(盐酸和硝酸 3:1 的混合剂)溶解。除了王水,金还溶解于有强氧化剂的碘酸和硝酸中,有二氧化锰存在时,金也溶解于浓硫酸,金还溶解于饱和氯的盐酸和氰化物的溶液中。

　　总之,金的化学性质非常稳定,在空气中,甚至在有水分存在的条件下,也不发生化学反应,古时候制造的金制品,保存到今天还是金光闪闪。在自然界仅与碲生成天然化合物——碲化金,在低温或高温时均不被氧直接氧化,而以自然金的形态产出。

　　金在水溶液中的电极电位很高:

$$Au \rightarrow Au^+ + e \qquad \Phi0 = +1.88 \ V$$

$$Au \rightarrow Au^{3+} + 3e \qquad \Phi0 = +1.58 \ V$$

　　因此,常温下金与单独的无机酸(如硝酸、盐酸、硫酸和氟氢酸等)和有机酸均不起作用。当有强氧化剂存在时,金可溶于某些无机酸。如高碘酸和硝酸,在二氧化锰存在的条件下,金可溶于浓硫酸,也可溶于热的无水硒酸(极强的氧化剂)。

　　金和银一样有生成络合物的趋势,且多数化合物都比较不稳定,甚至简单的灼烧就可容易地将其还原成金属。

　　金易溶于王水(一份硝酸和三份盐酸的混合酸)、氯饱和盐酸,在有氧的情况下溶于碱金属和碱土金属的氢氧化物水溶液中。金可与卤素化合,与溴的反应可在室温下进行。加热时,可与氟、氯和碘化合。此外,金还溶于硝酸与硫酸的混合酸、碱金属硫化物、酸性硫脲水溶液、硫代硫酸盐溶液、多硫化铵溶液,以及碱金属氯化物或溴化物存在下的铬酸、硒酸、碲酸与硫酸的混合酸及任何能产生新生氯的混合溶液中。含有氯化铁或硫酸铁作为氧化剂的硫脲水溶液是金的良好溶剂。

　　金在元素周期表中与银和铜同族,它的原子最外层有一个 s 亚层电子,而次外层有 18 个电子($s^2p^6d^{10}$)。这种次外层 18 个电子的结构在一定条件下可能会失去部分电子,因此金、银、铜在其化合物中的氧化价不仅仅只是失去 1 个 s 电子,而表现为 +1 价,同时也有 +2 和 +3 价。金的氧化价为 +1 价和 +3 价。

　　金在化合物中常呈 +1 价或 +3 价状态存在,与金的提炼有关的主要化合物为金的氯化物、氰化物及硫脲化合物等。

(一)金的氯化物

　　金的氯化物有氯化亚金 $AuCl$ 和三氯化金 $AuCl_3$。它们可呈固态存在,在水溶液中不稳定,分解生成络合物。金粉与氯气作用生成三氯化金。三氯化金溶于水时转变为金氯酸:

$$2Au + 3Cl_2 = 2AuCl_3$$

$$AuCl_3 + H_2O = H_2AuCl_3O$$

$$H_2AuCl_3O + HCl = HAuCl_4 + H_2O$$

　　金粉与三氯化金或氯化铜作用时也能生成三氯化金。

　　金易溶于王水中,其反应式如下:

$$HNO_3 + 3HCl = Cl_2 + NOCl + H_2O$$

$$2Au + 3Cl_2 + 2HCl = 2HAuCl_4$$

　　金氯酸($HAuCl_4 \cdot 3H_2O$)呈黄色的针状结晶形态产出,将其加热至 120 ℃时,转变为三氯化金。在 140 ~ 150 ℃下将氯气通入金粉中,可获得吸水性强的黄棕色三氯化金,它易溶于水和酒精中;将其加热至 150 ~ 180 ℃时,分解为氯化亚金和氯气;加热至 200 ℃以上时,分解为金和氯气。

氯化亚金为非晶体柠檬黄色粉末,不溶于水,易溶于氨液或盐酸液中,常温下,能缓慢分解析出金,加温时,分解速度加快。

$$3AuCl \rightarrow 2Au \downarrow + AuCl_3$$

溶于氨液中的氯化亚金,用盐酸酸化时可析出 $AuNH_3Cl$ 沉淀。氯化亚金与盐酸作用生成亚氯氢金酸:

$$AuCl + HCl = HAuCl_2$$

存在于溶液中的金离子可用二氧化硫、亚铁盐、草酸、甲酸、对苯二酚、联氨、木炭及金属镁、锌和铝等作还原剂将其还原而呈海绵金粉形态析出,加热溶液可加速还原反应的进行。

(二)金的氰化物

金的氰化物有氰化亚金和三氰化金,三氰化金不稳定,无实际意义。有氧存在时,金可溶于氰化物溶液中,金呈络阴离子形态存在于氰化液中:

$$4Au + 8NaCN + O_2 + 2H_2O = 4NaAu(CN)_2 + 4NaOH$$

将金氰络盐溶于盐酸并加热时,金氰络盐分解并析出氰化亚金沉淀。

$$NaAu(CN)_2 + HCl = HAu(CN)_2 + NaCl$$

在加热到 50 ℃时

$$HAu(CN)_2 \rightarrow AuCN \downarrow + HCN \uparrow$$

金化合物在氯化合物溶液或氧化合物溶液中,金几乎均呈络阴离子形态存在,如 $[AuClO]^{2-}$、$[AuCl_2]^-$ 等,氰化液中的金常用锌(锌丝或锌粉)、铝等还原剂将其还原,也可采用电解还原法将金还原析出。

有氧存在时,金易溶于酸性硫脲液中,其反应可表示如下:

$$4Au + 8SCN_2H_4 + O_2 + 4H^+ \rightarrow 4Au(SCN_2H_4)_2^+ + 2H_2O$$

金在酸性硫脲液中呈络阳离子形态存在。

金虽然是化学性质极稳定的元素,但在一定条件下仍可制得许多金的无机化合物和有机化合物,如金的硫化物、氧化物、氰化物、卤化物、硫氰化物、硫酸盐、硝酸盐、氨合物、烷基金和芳基金等化合物。浓氨水与氧化金或氯金酸溶液作用可制得具有爆炸性的雷酸金。

金与银或铜可以任何比例形成合金,金银合金中的银含量接近或大于 70% 时,硫酸或硝酸可溶解其中的全部银,此时,金将呈海绵金产出。用王水溶解金银合金时,生成的氯化银将覆盖于金银合金表面而使其无法进一步溶解,因此金银合金具有一定的抗王水腐蚀的能力。金铜合金的弹性强,但延展性较差,往金铜合金中加入银可制得金银铜三元合金。

(三)金汞齐

金与汞可以任何比例形成合金,金汞合金称为金汞齐。金汞齐因含金量不同可呈固体或液体状态存在。将金块浸泡在汞液中,且持续足够长的时间,随着金的吸汞作用,从金块的表面至心部,汞的浓度逐渐下降,形成的金汞齐将以各种中间相和固溶体形态出现,若沿金块的横断面切开可见其变化,从心部开始逐渐变化的顺序为:固体金、Hg 在 Au 中的固溶体、Au_3Hg;Ag_2Hg;$AuHg_2$、液态溶液金在 Hg 中和液体 Hg。

第三节　金合金

金合金,顾名思义就是黄金与其他金属在一定的温度条件下,熔合成有多种金属元素的合金。在首饰用材料中,常用的金合金元素有二元合金、三元合金及三元以上的多元合金。在所有的贵金属材料中,金合金的种类是最多的,相同成色的 K 金材料,根据不同颜色和硬度的需要,可配制出多种多样的组合成分。

在配制金合金材料时,根据所需的黄金 K 数,金的含量是有严格规定的,除规定含量的主料——黄金外,其他的辅料(金属)在首饰行业中称为"补口"。在纯金中加入补口的金合金就是"K 金"。配制补口的数种金属的配比,决定了 K 金材料的颜色和硬度;而同样重量的 K 金材料中,补口的多少又决定了 K 金材料的 K 数。补口越多,则 K 金材料的 K 数(成色)就越小。如图 4-2 所示为金合金饰品。

图 4-2　金合金饰品

一、金－银合金

在纯金中加入一定量的银,成为二元合金,能使金的硬度得到提高,当含银量达到 40% 时,其硬度就会达到金－银二元合金的最高值。金－银二元合金的颜色,随着银含量的增加,也会从黄色向浅绿色变化,最后又逐渐变成浅黄色至白色。银含量为 20% ~ 25% 时,合金的颜色为浅青绿色;当银含量超过 50% 时,合金材料就会变成白色。这种浅青绿色的金－银合金称为青金。青金作为材料在首饰制作上用量并不多,但在日本和我国香港地区,常常作为镀金用阳极,电镀出的首饰颜色称为青金黄。

二、金－铜合金

这种金－铜二元合金在熔炼中低温时易生成氧化膜,冷却后硬度显著提高,能任意加工成各种形状,在加工过程中的物理变化也会提高它的硬度。随着铜含量的增多,合金的颜色也会从淡红色向深红色变化。这种以金－铜为主的合金称为"红金",也称为"玫瑰金"。

三、金－银－铜合金

这是在金合金(K 金)家族里最具代表性的三元合金,这种合金根据其三元素含量的不同,熔点在 780 ~ 1 083 ℃变化着,硬度和机械加工性能主要随着铜含量的变化而变化。

最传统的 18 K 金－银－铜三元合金为:金 75%,银 12.5%,铜 12.5%。这种配比的 18 K 金,硬度适中,颜色呈淡黄里带微红,色泽艳丽,适合制作任何款式的首饰。

四、K 金

为了明示金合金的品位及含量,除常用百分数(%)和千分数(‰)来表示外,还可以用"K"数来表示金的含量。K 数的最高值为 24 K,每 K 的含金量约为 4.166%,即为饰品的含金量。

（一）传统 K 金（成色金）材料及其性能

我国传统的 K 金又称为成色金，即金与其他金属材料的合金材料，一般是指物理、化学性质与金比较接近的银、铜等金属与黄金的合金材料。如八成金，是指含金量为 80%，含银、铜等非黄金成分为 20%。成色金又可分为天然成色金和首饰成色金。天然成色金是指由自然界形成、在金矿中开采出来之前就已经含有其他杂质元素的天然矿金或砂金。由于常含有一些对 K 金材料性能有害的元素，因此这种 K 金材料不能直接加工成黄金首饰，而必须经过冶炼提纯，然后根据需要重新加入合金元素，制备成首饰 K 金材料，方可应用于首饰的加工。首饰成色金是指人为地根据需要在纯黄金材料中加入适量的其他金属元素而形成的金合金材料，这种 K 金材料又称"次金"材料，可直接应用于首饰制作，尤其应用于镶嵌宝石首饰。

依照我国传统首饰业的规定，只含有白银元素的成色金称为清色金。过去首饰商店在鉴别清色金时有一句口诀："七青、八黄、九紫、十赤"，这里所谓的"七青"，是指含金 70%、含银 30% 的成色金呈青黄色彩；"八黄"是指含金 80%、含银 20% 的成色金呈金黄色彩；"九紫"指含金 90%、含银 10% 时，成色金呈紫黄色彩；"十赤"指含金接近 100%、含银极低的赤金、足金或纯金，呈赤黄色彩。成色越低，颜色越青，甚至呈黄绿色。

当首饰成色金中所含的杂质元素除银外，还含有铜及其他金属元素时，则称为混色金。我国传统首饰的 K 金通常都属混色金，在制备混色金时，其中的铜通常用的是纯铜或紫铜，根据铜含量的不同，混色金又可分为小混金和大混金。由于紫铜呈红黄色，因此混色金颜色深浅与铜含量有关，随铜含量的增加，混色金的红色调越明显。实际上，清色金是金－银合金，而混色金是金－银－铜合金，两者一起构成了中国传统的首饰成色金。

（二）国际流行的 K 金

用于制作首饰的足金（>99% Au）或 K 金材料，通常是从国内外专业银行或国际贵金属市场购买的高成色金，通过再熔化加入银、铜及其他一些物理、化学性质与金相近的杂质元素而制成。因加入其他金属元素的比例不同，所制成的不同成色首饰金在色调、硬度、延展性、熔点等方面有所不同。

下面介绍一些国际首饰制造业中常用的 K 金材料及其性能。

1. 22 K 金

早在 1527 年，英国就把金币的品位规定为成色 91.6%，即 22 K 金。1560 年伊丽莎白女王时代，其他的金制品也渐渐地使用 22 K 金，直到现在，英国的金表等饰物的成色仍在使用 22 K 金。因含少量银和紫铜，色泽略逊于黄金，泛黄色。硬度较纯金略强，可镶嵌较大的单粒宝石，但款式不宜复杂，因其容易变形，加上外观上与纯金的色泽差别不大，易与纯金混淆，因而应用不是很广泛。在我国也时常能见到，中华人民共和国成立前首饰作坊制作的含金量为 91.6% 的 22 K 金饰品，如天元戒、龙凤戒、耳环和头饰，俗称"九呈金"。近年来从耐磨性和款式上考虑，22 K 金饰品几乎不生产了。

2. 20 K 金

从 1783 年爱尔兰法定的标准金品位为 20 K 开始，至今爱尔兰人仍在很大程度上用 20 K 金来制作首饰，而其他国家已经很少能见到 20 K 金的饰品了。我国在中华人民共和国成立前也有少量的作坊制作过一些 20 K 金的饰品和器物，多为头饰、手镯、挖耳勺等。

3.18 K金

这是在 K 金首饰上用量最多的金合金,自 1482 年英国将 18 K 金作为法定的饰品成色以来,几乎世界上每个国家都把 18 K 金作为生产首饰的主要用金材料,目前世界上所有的 K 金饰品中,90% 以上都是 18 K 金,少量为 14 K 金和 9 K 金。含金量为 75%,含银量 14% 左右,含紫铜量 11% 左右。色泽主要为青黄,带有少量微绿色调,制成首饰后往往需要进行表面电镀 24 K 金,硬度适中,延展性较为理想,适宜镶嵌各种宝石。成品不易变形,边材不锋利,不易断裂,是一种集保值性与装饰性于一体的理想的首饰成色金,深受国内外消费者的欢迎。

4.14 K金

英国于 1932 年把 14 K 金的含量由 58.33% 改为 58.5%,并在法律上做了规定。随后日本也采用了这个规定,将 14 K 金的成色规定为金含量 58.5%。因为 14 K 金在价值上比 18 K 金便宜,所以美国及欧洲也都大量将 14 K 金作为首饰用材(见图 4-3),随后钟表业、眼镜业及金笔制造业也先后采用 14 K 金作为制造材料。含金量 58.5%,含银量 10% ~20%,含紫铜量 21.47% ~31.47%。色泽以暗黄为主,泛有红光,质地坚硬,弹性较强,可以镶嵌各种宝石。成品装饰性好,肤色细腻偏白的人佩戴尤显好看,价格适中,很受欢迎。

(a)18 K金饰品　　　　　　　　　　　(b)14 K金饰品

图 4-3　K 金饰品

5.9 K金

9 K 金于 1854 年被英国作为法定的金品位开始采用,通常用于价格低廉的装饰品。因为当时 9 K 金的价格只有纯金的 1/3 左右,受到广大消费者的欢迎,9 K 金饰品一度成为市场上的新宠。但是,9 K 金材料的延展性和成品的表面色泽远不及 18 K 金,因为材料中含铜较多,表面易氧化,因此使用久了的饰品光泽黯然,只有经过再次的表面抛光处理才能恢复如新。含金量 37.5%,含银量 12% ~20%,含紫铜量 40.5% ~50.5%。色泽紫红,坚硬易断,延展性较差,只宜制作一些造型简单的、只镶嵌单粒宝石的首饰。价格便宜,多用于制作低档流行款式的首饰和一些体大量重的奖章、奖牌和表壳、皮带扣一类的实用饰品。

目前,世界首饰业中 K 金首饰的耗金量与销售额大幅上升,虽然还没有超过足金首饰,但由于 K 金首饰款式容易翻新,能够镶嵌各种翠钻珠宝,并能雕凿出各种精美的图案和造型,因而 K 金的应用将具有十分广阔的市场。

(三)容易混淆的白色 K 金

第一次世界大战时,世界上的铂族金属生产受到了极大影响,尤其在俄国大革命时期,几乎所有的铂族金属矿业都停止了生产,原料异常短缺,而白色贵金属物品依然受到人们的青睐,在这种背景下,人们开发了一种铂金的替代品——白色K金。这种替代品是以黄金作为主材料的,配以其他的白色金属,经熔炼合成一种新颖的白色金合金,当时称为white gold(白金)。白色K金的推出是基于人们对铂的需求量过大,而铂的产出稀少且价格昂贵,因而难以满足人们的需求这一背景。白色K金就是人们常说的K白金,顾名思义,应是一种白色的金基合金材料,它是由金、银、镍、铜等金属元素组成的合金,由于加入了较多的白色金属,如镍、银等,结果使金基合金呈现出白色基调,加之制成的首饰外表电镀白色贵金属铑,使更加接近于铂金首饰,因此这种白K金总是与"铂"相混淆。但在英语中前者写作whitekarat gold(简写为WG),而后者写作platinum,这是两个完全不同的单词,可是在汉语中,两者却都写成了"K白金"。一方面,是商业上为了便于销售的需要;另一方面,它与铂金非常相似,在珠宝首饰行业中就俗称为"K白金"。另外,在中国首饰业中,铂常被称作"白金",即以"白金"一词作为铂的专指名词,于是有人便想当然地以为K白金便应该是一种铂基合金,如K黄金被认为是一种金基合金一样。而事实正好相反,K白金与K黄金及其他各种颜色K金一样,指的都是金基合金。在冶金工业出版社1992年版的《金属材料简明词典》、科学出版社1989年版的《材料手册》和New York   Toronto London McGrawhill Book Co. ,Inc. 1956年版的《Materials Handbook》以及一些国外的宝石学著作中,白金(white gold)都是解释为可作为铂金代用品的白色金基合金。而我国国家标准《贵金属首饰纯度命名方法》(GB 1188—89)及轻工业部行业标准《贵金属饰品术语》(QB/T 1689—93)中,则均没有"白金"这一术语和定义。

的确,"白金"一词是很容易引起歧义的。我国首饰业应以"铂"一词取代容易引起歧义的"白金"一词,专指金属铂。而将"K白金"改名为"白K金"比较合适,因为"K金"是大家都比较熟悉的金合金,"白K金"也就容易被理解为白色的K金。在国际首饰行业中,K或KARAT只限于表示黄金的成色,因此白K金所指仍然是K金,即一种金基合金。而且K白金(习惯名称)的成色也与其他各种颜色的K金一样,总量为24K,黄金在其中所占的份数即为K白金的K数。如18K白金、14K白金,其中,黄金的含量就分别是75%和58.5%。而铂金的含金量,国际上以含铂的千分数表示,以"Pt + 3位数字"表示,如Pt900,表示含铂900‰,其中没有"K"。

K白金通常是在金中加入银、铜、镍、锌等元素熔炼成的合金,这种合金往往较硬,延展性较差,所以有时在这种合金材料中还需加入一些钯等铂族金属,才能制成质量较好的K白金。但有一点要注意,金、银、钯三种元素熔炼在一起所形成的将不再是银白色合金,而是呈灰暗色调,一般情况下,不采用这种配方。

在我国香港等地一些市场上,常常出现所谓的"四成K白金"(又称226金,配方为二成黄金,二成钯,六成其他金属)和"六成K白金"(又称334金,配方为三成黄金,三成钯,四成其他金属)。钯与黄金一样也是贵金属,如何对这种金钯系列的合金成色进行表示,这是摆在国际首饰界面前的一个课题,而目前国际首饰界还没有专门的条例来界定。这主要是由于这种系列的合金属于新潮流产品,应用于首饰业也只是近些年的事情,国际首饰界还没来得及做出反应。有专家认为,对于黄金与其他贵重金属所形成的合金可考虑采用具体的、可显示各种贵金属成分的成色百分数来表示,如Au75Pd25等。对于专用于黄金成色的K制仍应严格遵守,以免引起混淆。

（四）彩色系列 K 金

彩色金合金，即 K 金的应有金含量不变，根据所需的合金颜色，加入其他的金属。熔炼合成后的合金颜色多种多样，用来制作一些特制的饰品，但其中的某些颜色，使用的范围却很小。彩色 K 金又称为彩色金，包括彩色系列和黑白色系列 K 金，如红（含深红、粉红、香槟酒色）、橙黄（含青黄）、黄绿、绿（含青绿、橄榄绿）、蓝（含靛蓝）、靛、紫等彩虹色和白、灰、黑等。彩色 K 金于 20 世纪 70 年代末出现，并迅速在国际市场上风靡起来，赢得了广大消费者的青睐。而最近十几年来，彩色金的研制和应用又有了惊人的发展，甚至有人预测，21 世纪中后期人类将进入一个大规模应用彩色 K 金的多姿多彩的"彩色时代"。

彩色 K 金的研究和开发，已经突破了黄金只有单一金黄色的状况，五颜六色的 K 金将被热爱五彩缤纷生活的人们所喜爱。彩色 K 金制作的过程和方法有合金冶炼、表面镀色、表面起锈（古董化）、表面上釉等。已知研制成功彩色 K 金的颜色有红、橙、黄、绿、蓝、青、紫、白、灰、黑等一系列的颜色，可构成一个七色彩虹系列。目前，二色金（红、黄或白、黄）和三色金（黄、白、蔷薇色）制作的首饰、不透明的黑色首饰以及富于宝石色调的、具有暗色金属外表的红、蓝、绿色 K 金首饰正备受消费者欢迎而在首饰业中大行其道。

（五）K 金的种类

对 K 金首饰，人们常会提出一个问题，即怎样知道 K 金的成色，怎样知道 K 金的含金量。在国际或国内正规商店里出售 K 金首饰，为了表示负责任，也为了维护信誉，在 K 金首饰上都打有含金量的戳记，例如：24 K、18 K、9 K，或 9999（即含金 99.99%）、750（相当于 18 K）、583（相当于 14 K）等。过去金店银楼出售的金饰，也是很讲究信誉的，饰品上都打印本店的店名或字号及黄金成色。对于这些印记所表示的含金量，一般是可以信任的。

对于没有标明含金量的金饰品，或对金饰品的成色有怀疑时，现代测试技术完全可以测定其含金量，常用的是电子探针法、X 射线荧光光谱法、化学分析法、试金石磨道对金牌法等。不过，这些方法都需要专门的仪器设备和专业测试人员，要求有一定的测试技术并具有相当的测试经验。测定的费用一般比较昂贵。有人说，根据金饰品的颜色，可以知道 K 金饰品的纯度，说法虽然不错，但没有实际意义。因为现在仿金饰品的颜色与 K 金或足金饰品的颜色十分接近，一般不易区分。

（六）高成色金钛合金（钛 K 金）首饰

金钛合金（钛 K 金）是指金属钛与金的合金。不管普通的 K 金首饰如何丰富多彩和富有魅力，传统上人们的心理总是倾向于高成色的首饰金。众所周知，首饰金成色越高，其性质越软，越易变形，也就越难镶嵌宝石。怎样才能使高成色首饰金的硬度提高到可以镶嵌宝石呢？

世界黄金局发表的一项消息称，已经找到了一种金属钛，能够成功地使足金达到可接受的硬度，而且色泽接近足金饰品，耐用和耐磨性能都有了明显的提高。因为钛质量轻且价格比较便宜，所以钛是理想的金基合金的原料。试验表明，23 K 金饰品中加入钛后，坚固性大为提高，硬度甚至超过了 18 K 金。九九金（成色 99%）中加入 1% 的钛后，硬度也大为提高。这些金钛合金的发明，为原来性能较软而无法大量使用的高成色首饰金或足金找到了更为广阔的用途，给高档金首饰市场带来了一番新的气息，同时使人们追求高成色首饰金的心理得到了满足。

练习题

1. 黄金的概念及其演变过程如何?

2. 地球上黄金储量与已开采的黄金总量是多少?

3. 金的成色表示方法有哪些?

4. 黄金的计量单位有哪些,我国黄金的常用计量单位与国际上黄金的计量单位有何不同,换算关系如何?

5. 黄金是如何分类的? 什么叫生金、熟金、清色金和混色金?

6. 金的物理化学性质有什么特点?

7. 何为天然成色金和首饰成色金?

8. 口诀"七青、八黄、九紫、十赤"有什么含意?

第五章　银及银合金材料

第一节　概　述

白银与黄金一样历史悠久,它在首饰上的应用,特别是在货币上的应用,与黄金一样的普遍。我国古代将白银首饰视为吉祥之物,民间流行的银项圈、银锁片、银帽花上都雕刻有"吉祥如意""长命百岁"等字样,表达的就是上辈人对孩童们的祝愿。现在我国的少数民族地区仍然保留了这一传统,而且是见银在先,见金在后,对白银首饰尤为珍重偏爱。少数民族如回族、侗族、瑶族等根据各自的生活习惯、宗教信仰,冶制出了很多富有民族特色和宗教信念的银首饰,如头饰、腰饰、耳环、戒指、手镯、项链、银摆件、供器和日常用品等。他们对白银首饰,或是穿戴,或是佩挂,银首饰千姿百态,花样繁多。每逢民族佳节或是歌舞盛会,他们总是佩戴满身银饰,以充分显示自己的风姿、美丽、勤劳、聪慧和富裕。

白银首饰在国际上的应用也很广泛,但较之黄金,则逊色很多。目前,只有东欧、苏联以及北美等少数市场大量流行白银首饰。据报道,在美国旧金山举行的太平洋珠宝展销会上,白银首饰大受注目,表明纯银首饰在美国再度流行起来。原因是纯银首饰不但有贵金属的优良品质,而且价格便宜,是便装和新潮服饰的理想搭配。白银首饰也顺理成章地成为今天的宠儿,受到喜爱打扮的上班女性的格外青睐。在形形色色的纯银首饰中,女士纯银首饰发展最快,男士纯银首饰的生产也迅速增长,特别是名师设计的系列首饰发展最快,较受欢迎的品种为纯银指环及带扣等。

白银即银子,是第 I 副族元素,元素符号 Ag,原子序数47,比重10.49,熔点961 ℃。银白色,延展性强,化学稳定性高,是一种比较稀有的贵金属,具有一定的永恒价值。它与黄金一样柔软坚韧,可制成细丝或箔片。

一、白银材料的分类

白银有高成色白银与普通成色白银之分。其中高成色白银又可根据成色高低与用途不同而分为纯银和足银两类。

(一)纯银

由于纯银在熔化、冶炼、冷凝的过程中表层会凝结成奇特的花纹,因此旧时又称纯净度很高的纯银为纹银。纯银、宝银与纹银均指成色较高的白银。以现今科学技术水平,可将银的成色提炼到99.999%以上。纯银一般作为国家金库的储备物,也可以用作高成色首饰银。因此,纯银的成色一般不应低于99.6%。清乾隆年间流行的所谓"十成足纹银"经科学化验,成色仅为93.5%。

(二)足银

根据国家标准规定,足银是指银含量大于或等于99%的白银。足银过去是作为流通交易使用的标准银,可作为财产抵押、公司财团的银根、贸易交换的兑换物等。足银与纹银相比,成色要求低一些,一般不应低于99%。过去北京、天津、上海等地都将98%成色的白银称为足银。纯银与足银质地都很软,大多只能用于简单的素银首饰,不能用于镶嵌宝石饰品。

(三)色银(次银)

色银又称普通首饰银或次银。在纯银或足银中加入少量的其他金属,一般是加入物理、化学性质与银相近的铜元素,就可以形成质地比较坚硬的色银。这种以白银为主的银基合金材料就是色银。色银富有韧性,并保持了纯银的延展性,同时,其中所含的铜能够抑制空气对银首饰的氧化作用。因此,色银首饰的表面色泽较之纯银与足银更不易改变。

我国色银的成色规定以百分数表示,国外一般规定以千分数表示,如我国的"80银"与外国的"800S"(S为英文银Siver的缩写)都表示银的成色为80%。1955年开始,中国人民银行总行规定,除经总行指定的冶炼厂按照一定成色、质量、规格、标准提炼的银为"成品银"外,其他不论其成色高低,统称为杂色银。

色银有以下几种。

1.98银

英文标识为980S,表示含银98%、含紫铜2%的首饰银。这种色银较纯银和足银质地稍硬,多用于制作保值性首饰。

2.92.5银

英文标识为925S,表示含银92.5%、含紫铜7.5%的首饰银。这种色银既有一定的硬度,又有一定的韧性,比较适宜制作戒指、别针、发夹、项链等首饰,而且便于镶嵌宝石。

3.80银

80银又称潮银,英文标识为800S,表示含银80%、含紫铜20%的首饰银。这种色银硬度大,弹性好,适宜制作手铃、领夹、帽花、木鱼铃等首饰,还可用以制作银器皿如餐具、茶具、烟具、杂具及一些物品的柄、套、盖、帽等。首饰上的扣、簧及针类零件也可用这种色银材料制作。

色银根据使用和需要还可用70银、60银、50银等品种,但值得注意的是,由于银的化学性质不如金稳定,在空气中易受氧化而失去光泽,所以银在贵金属中的地位一直不高。银首饰也只属于普通的低档贵金属首饰。在美、英、法等国家,甚至将银首饰划入普通的服装首饰范畴。但白银洁白可爱,历史上一直被视为贵重金属,与黄金一样也可作为国家货币和硬通货储备。因此,为使白银首饰保持贵金属首饰的地位,就要解决白银首饰的上档次问题。

目前,白银首饰可通过在其表面镀铑或镀金的办法来解决它易氧化的问题。其中以镀铂族金属铑的效果最好,这一技术可使白银首饰表面银辉闪烁,色如铂金,而且由于铑镀层坚硬耐磨,可以抵抗酸碱的腐蚀,白银首饰因此而提高了价值与档次,很受消费者的欢迎。

二、白银的用途

人类发现和使用白银的历史至少已有7 000多年,我国考古学者从春秋时代出土的青铜器中就发现嵌镶在器具表面上的"金银错"(一种用金、银丝嵌镶的图案)。从汉代古墓中出土的银器已经十分精良,银器和铜器都是古代使用较广的器具。在古时候就已发现白银有许多用处。如公元前300多年,希腊皇帝亚历山大带领军队东征时,受到热带痢疾的感染,大多数士兵得病死亡,东征被迫终止。但是,皇帝和军官很少染疾,直到现代才解开这个谜。原来皇帝和军官们的餐具都是用银制造的,而士兵的餐具都是用锡制造的。银有很强的杀菌能力,银在水中能分解出一定量的银离子,这种银离子能吸附水中的微生物,使微生物赖以呼吸的酶失去作用,从而杀死微生物。银离子的杀菌能力十分惊人,十亿分之几毫克的银就能净化 1 kg 水。

银的某些特有性质如果加以利用,还可以预防一些自然灾害,如火山爆发、大地震前夕地表均有可能渗出含硫的气体,这种气体会使银器的表面很快变成黑色,从而显示了火山将要爆发、大地震将要来临的某种前兆。如 1920 年 2 月,在南美洲的加勒比海马提尼岛上,人们所使用的银器、佩戴的银首饰在几天之内都突然变成了黑色。正当岛上的人们感到不解和惊讶之时,该岛上的培利火山突然爆发。这次火山爆发使岛上的 3 万多人遇难,成为世界上火山爆发中死亡最惨重的一次。可惜的是,当时岛上的人们未能从银器变黑中引起警惕,提前撤离该岛。

银是人类发现和使用最早的金属之一,今天,白银的主要用途有以下几方面:

(1)白银的重要用途之一是作为货币,行使国际货币的职能。铜银合金用于铸造银币,美国、俄国、法国、意大利、德国、比利时和瑞士生产含银 90% 的银币,英国生产含银 92.5% 的银币,中华人民共和国成立前我国的银币含银 95.83% 。

(2)银具有最好的导电、导热性能,具有良好的化学稳定性和延展性,因而白银被广泛用于宇航工业、电气、电子工业中,如航天飞机、宇宙飞船、卫星、火箭上的导线大部分用白银制作。

白银还用于制造电子计算机、电话、电视机、电冰箱、雷达等各种接触器和银锌电池。银也可用于集成电路、电子线路、机电设备、开关电路等电子工业中。

(3)由于银化合物对光具有很强的敏感性,在印刷业的照相制版、电影拍摄和其他摄影中用于制作感光材料。据统计,全世界每年用于摄影、电视、电影、印刷照相制版方面的白银高达 200 t 以上。

(4)白银具有很好的耐碱性能,在化学工业中用作设备结构材料,如用于制造烧碱的碱锅,用于制造实验室熔融氢氧化钠、氢氧化钾的银坩锅。

(5)白银在工业中广泛用于制造轴承合金、触媒、焊料、齿套、各种装饰品、奖章、奖杯、各种生活用具及贱金属镀银。银还用于制镜、热水瓶胆及医药领域。银粉可用作化验室及实验室电器设备的防腐蚀涂料等。

(6)白银在医学方面的用途,如微粒银具有很强的杀菌作用,除医治伤口外,还可用作净水剂。

(7)由于银的反射能力强,反射率可达 94% 以上,银可用于太阳能利用和高反射率银镜的制作。

(8)硝酸银是重要的化工原料,除直接用于人工降雨、药用、化学分析及胶片冲洗等领域外,还可以硝酸银为原料加工银的系列产品。如感光材料、人工降雨材料 AgI,海水淡化材料 AgCl,蓄电池材料、化工催化剂材料 Ag_2O、AgO 等。

第二节　白银的物理化学性质

一、银的物理性质

银的化学符号为 Ag,银具有极其良好的电热导性,在贵金属中,银是最好的导体。银还具有良好的延展性和韧性,对光的反射能力很强,尤其对白光的反射能力最强。

(1)白银为元素周期表第五周期 I B 族元素,原子序数为 47,原子量为 107.868。

(2)颜色:纯银为银白色,光润洁白。但掺入杂质后,就有白、灰、红三种颜色,且硬度提高。掺入 10% 以上的红铜时,色泽开始发红,红铜愈多,颜色愈红;掺入黄铜时,其颜色则白中带黄,黄铜含量愈高,颜色愈黄,甚至黄中带黑;掺入白铜,其颜色变灰。掺入金后,其颜色变黄。

(3)晶格类型:面心立方晶格,晶格常数为 0.407 86 nm。

(4)晶体学性质:原子半径为 0.134 nm,原子间距为 0.288 9 nm,离子半径为 0.113 nm,原子体积为 10.28,价电子 $4d^{10}5s^1$,化学价为 1、2、3,配位数为 12。

(5)光泽:金属光泽,人们赞为"永远闪耀着月亮般的光辉"。在所有金属中,银对白光的反射率最高,达 94%。

(6)密度:常温下白银的密度为 10.49 g/cm^3,因银锭多少含有一些气孔,经轧制后其密度略有提高,为 10.57 g/cm^3 左右,次于铂金和黄金,而高于其他金属。固态银的密度与温度有关,具体见表 5-1。

表 5-1　固态银的密度

温度(℃)	20	700	800	900	960
密度(g/cm^3)	10.49	9.89	9.80	9.72	9.35

(7)延展性:白银具较好的延展性和可塑性,加工态 3%~5%,退火态 43%~50%,可锤成薄的银叶。银的延展性仅次于金,纯银可碾成 0.025 mm 的银箔,可拉成比头发丝更细的银丝,但当含少量砷、锑、铋时,白银即变得很脆。

(8)硬度:白银质地柔软,摩氏硬度 2.7,其硬度比黄金稍高,但比铜软,掺入杂质(主要为铜)后硬度提高,杂质含量愈高,银的硬度愈大。

(9)导电性:银的导电性能在所有金属中是最好的,电阻系数(25 ℃时)为 1.61 μΩ·cm。

(10)导热性:银的导热性能极好,为各种金属之冠,导热率(25 ℃)为 433 W/(m·K)。

(11)熔点:银的熔点较高,为 960.8 ℃,但比金、铜等常见金属的熔点低。

(12)沸点:银的沸点为 2 210 ℃。

(13)光敏感性:白银的卤化物对光具有极强的敏感性,常用作感光材料,如电影胶片等。

二、银的化学性质

银具有较强的化学稳定性,所以银对水和大气中的氧都不起作用,但银遇硫化氢和硫会变黑。银在贵金属中性质最活泼,能溶解于硝酸和热的浓硫酸中,但因生成氯化银沉淀而不溶于王水,在空气中银也融于氰化碱类。

(1)白银在常温下不与氧起反应,属较稳定的元素。白银置于空气中,其颜色基本不变,但与黄金相比,白银还是容易氧化的金属。氧化后生成黑色的氧化银,也就是长黑锈。银在熔融状态下可吸收相当于自身体积21倍的氧,但在固态银中的溶解度很低。因此,当熔融银凝固时,会析出溶解在其中的氧,有时会伴有金属飞溅形成"银雨"。

(2)白银易吸收水银。白银吸收水银后,表面质量遭到严重破坏,完全失去光泽,甚至与水银形成银汞齐(水银膏)。

(3)银与氢、氮和碳不直接发生作用,加热时,银很容易与硫生成硫化物 Ag_2S。在硫化氢作用下,银表面覆盖黑色 Ag_2S 膜,该过程在一般条件下可缓慢进行,这是银制件逐渐变黑的原因。在潮湿空气中,银容易被硫的蒸气及硫化氢所腐蚀,生成硫化银,使表面变黑,人们在检查食物中是否含硫化氢时,往往用银餐具进行。

(4)银可与游离氯、溴和碘相互作用,生成相应的卤化物,这些过程在常温下缓慢进行,而当有水分存在或加热和在光作用下,速度将加快。

(5)银在水溶液中的电解电位很高:

$$Ag \rightarrow Ag^+ + e \qquad \Phi_0 = +0.799 \text{ V}$$

因此,银不能从酸的水溶液中置换出氢,银在稀盐酸或稀硫酸中不被腐蚀,但热的浓盐酸、浓硫酸能熔解白银。白银能溶解于硝酸而生成硝酸银。白银不与碱金属氢氧化物及碱金属碳酸盐起作用,银具有很好的耐碱性能。

(6)白银与金或铜可以任何比例形成无限固溶合金。

(7)白银熔炼时,表层银液将被氧化,并具有少量挥发性。当有贱金属存在时,氧化银很快被还原,在正常的熔炼温度(1 000 ~ 1 100 ℃)下,银的挥发损失小于1%。当白银被强氧化且熔融银液面上无覆盖剂或者炉料中含有较多的铅、锌、锑等易挥发金属时,银的挥发损失会增大。

(8)白银是一种天然矿产金属,以化合物形式赋存于金、铜、铅、锌等矿石中,目前生产的白银大多是冶炼部门从上述矿石中提炼出来的副产品。银器表面颜色变黑是银与空气中的硫化物作用生成硫化银所致。银易溶于硝酸和热的浓硫酸中,微溶于热的稀硫酸,但不溶于冷的稀硫酸中。

(9)盐酸和王水只能使银的表面生成氯化银(AgCl)薄膜。银与食盐共热易生成氯化银。银粉易溶于含氧的氰化物溶液和含氧的酸性硫脲水溶液。

(10)白银可溶于硫代硫酸钠溶液中,生成银和钠的重硫代硫酸盐($NaAgS_2O_3$)。

(11)银在化合物中呈一价形态存在,可与多种物质形成化合物。其中,最主要的银化合物为硝酸银、氯化银、硫酸银和氰化银等,硝酸银是银的最重要化合物。

三、白银的化合物

(一)氧化银

氧化银 Ag_2O 为黑褐色,可由银离子与碱作用生成氢氧化银,继而形成氧化银:

$$Ag^+ + OH^- = AgOH$$

$$2AgOH = Ag_2O + H_2O$$

当加热到 185～190 ℃时，Ag_2O 分解成金属，在室温下过氧化氢易还原氧化银 Ag_2O：

$$2Ag_2O + H_2O_2 = 2Ag + H_2O + O_2$$

Ag_2O 在氨水溶液中可溶解，生成络合物：

$$Ag_2O + 4NH_4OH = 2Ag(NH_3)_2OH + 3H_2O$$

该络合物溶液在放置过程中易分解出在潮湿状态下都极易爆炸的氮化银（Ag_3N），又名雷酸银。

（二）硝酸银

银与硝酸作用可生成硝酸银，其化学反应式如下：

$$6Ag + 8HNO_3 = 6AgNO_3 + 2NO \uparrow + 4H_2O （稀硝酸中）$$

$$Ag + 2HNO_3 = AgNO_3 + NO_2 \uparrow + H_2O（浓硝酸中）$$

硝酸银为无色透明斜方片状晶体，易溶于水和氨，微溶于酒精，几乎不溶于浓硝酸。其密度为 4.352 g/cm^3，熔点212 ℃，分解温度444 ℃。硝酸银水溶液呈弱酸性，pH 值为 5～6。硝酸银溶液中的银离子易被金属置换还原或用亚硫酸钠等还原剂还原。硝酸银加氨转变为氨络盐，此时，可用葡萄糖、甲醛或氯化亚铁将硝酸银还原为致密的银粒。硝酸银溶液中加入盐酸或氯化钠，可生成氯化银沉淀，向硝酸银液中通入硫化氢气体即生成黑色的硫化银沉淀，潮湿的硝酸银见光易分解，硝酸银为氧化剂，可使蛋白质凝固，对人体有腐蚀作用。

（三）硫酸银

白银溶于热浓硫酸中可制得硫酸银，硫酸银无色，易溶于水。

$$2Ag + 2H_2SO_4 = Ag_2SO_4 + 2H_2O + SO_2 \uparrow$$

白银溶于浓硫酸还可结晶出酸式硫酸银（$AgHSO_4$），它遇水极易分解为硫酸银（Ag_2SO_4）。加热时，部分银也溶于稀硫酸液中，溶液中的银可用金属置换法（置换剂为铜、铁、锌、铅等）或氯化物沉淀法回收，加热的木炭可使硫酸银完全还原，其反应式如下：

$$Ag_2SO_4 + C = 2Ag + CO_2 + SO_2$$

硫酸亚铁也可使硫酸银还原，反应式如下：

$$Ag_2SO_4 + 2FeSO_4 = 2Ag + Fe_2(SO_4)_3$$

硫酸银在明亮红热温度下分解为白银、氧及二氧化硫。

（四）硫化银

硫化银呈深灰色至黑色，在自然界呈辉银矿产出，银与硫的亲和力强，很容易生成硫化银，在有水分和空气氧存在时，H_2S 对金属银作用也能生成 Ag_2S：

$$4Ag + 2H_2S + O_2 = 2Ag_2S + 2H_2O$$

这个反应是银制品长期储存变黑的主要原因。硫化银 Ag_2S 是银的最难溶盐，硫化银在高温时不挥发，但受热时与空气接触则分解为金属银和二氧化硫：

$$Ag_2S + O_2 = 2Ag + SO_2$$

Ag_2S 与稀无机酸不发生反应，浓硫酸和硝酸能使硫化银氧化成硫酸盐。

硫化银溶于熔融的硫化亚铜、硫化钴及其他金属硫化物中形成含银的硫，金属银、氯化银、溴化银在造硫过程中均转变为硫化银后溶解于硫中。

硫代硫酸银溶液中加入硫化物可生成硫化银沉淀。

混汞时，汞使硫化银分解，生成的金属银与剩余汞生成银汞齐，添加矾、硫酸亚铁或氧化铜溶液，可提高银的还原率。

硫化银与氧化铅或氧化铜共熔时可分解为金属银：

$$Ag_2S + 2CuO = 2Ag + 2Cu + SO_2$$

硫化银与硫酸银共熔可析出金属银：

$$Ag_2S + Ag_2SO_4 = 4Ag + 2SO_2$$

有氧存在时，银可与氰化物作用生成复盐

$$4Ag + 8NaCN + O_2 + 2H_2O = 4NaAg(CN)_2 + 4NaOH$$

可用金属锌、铜、铝、硫化钠及电解法从氰化液中还原析出金属银。

（五）氯化银

除氟化银 AgF 外，银的卤化物是难溶化合物，向含 Ag^+ 离子的溶液（如 $AgNO_3$ 溶液）中加入 Cl^-、Br^- 或 I^- 离子时，则可生成氯化银（AgCl）、溴化银（AgBr）或碘化银（AgI）沉淀物。

氯化银为白色粉状物，在自然界中呈角银矿形态存在。含银溶液加入氯化钠或盐酸时，会生成氯化银沉淀，氯化银在 455 ℃熔化，沸点为 1 550 ℃。加热生成沉淀的氯化银水溶液，氯化银沉淀物会凝聚成块，便于过滤。氯化银沉淀物长期放置于空气中，其表面被氧化而变黑。氯化银微溶于水，25 ℃时在水中的溶解度为 $2.11 \times 10^{-4}\%$，100 ℃时，其溶解度增加 4 倍。氯化银可溶于饱和的氯化钠、氯化铵、氯化镁、硫代硫酸钠、酒精、氨及氰化物溶液中，氯化银溶于盐酸生成 $HAgCl_2$ 络盐。氯化银极易溶于氨水中生成银铵络盐：

$$AgCl + 2NH_4OH = [Ag(NH_3)_2]Cl + 2H_2O$$

氯化银与碳酸钠共熔时，可获得金属银：

$$4AgCl + 2Na_2CO_3 = 4Ag + 4NaCl + 2CO_2\uparrow + O_2$$

锌和铁是氯化银的良好还原剂，铜可从氯化银溶于氨的溶液中将银还原析出，但铜不能从氯化银溶于酸液的溶液中将银完全还原。汞可使氯化银还原，溶液中的硫酸铜、硫酸亚铁、钒及铁可加速汞对氯化银的还原作用。将氯化银与木炭一起加热可使氯化银还原：

$$2AgCl + C = 2Ag + Cl_2 + C$$

（六）溴化银

溴化银（AgBr）的化学性质与 AgCl 相似，它溶于氨、硫代硫酸盐、亚硫酸盐和氰化物溶液中，易还原成金属。

（七）碘化银

碘化银（AgI）是银的卤化物中最难溶的物质，因此与 AgCl 和 AgBr 不同，它不溶于氨溶液，但在有 CN^- 和 $S_2O_3^{3-}$ 离子存在时可溶解。

银的难溶卤化物最典型和最重要的特点是其感光性，就是在光的作用下可分解为金属银和游离卤化物。银的这种性质是其用于生产照相材料如感光底片、照相纸的基础。从感光度的灵敏度来说，AgBr 最好，AgCl 次之，AgI 较差，因此生产照相材料最常用的是 AgBr。

第三节　银合金及白银饰品保养

一、银合金

银合金饰品见图 5-1。

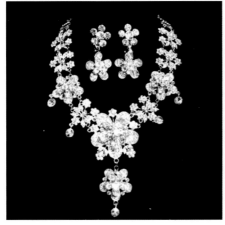

图 5-1 银合金饰品

（一）银－铜合金

铜和银属于同族元素，而且价格都很低廉，为了改善银在材质上的一些不足之处（如纯银很柔软，对一些款式多变的饰品或银餐具来说，纯银很容易变形），人类很早以前就知道将铜掺入银中能提高银的硬度。英国在距今 800 多年前，就已经将 925 银合金（Sterling）作为标准品位银，当时的银币、银制品几乎将"Sterling"作为专用词来称呼 925 银（银 92.5％，铜 7.5％）。英镑的英文叫"Sterling"，所以 925 银也称"英镑"银，以狮子头像为标准。将958 银合金（Britannia）作为第二标准位银（银 95.8％，铜 4.2％），称为大不列颠银，以妇人头像为标志。还有 90％ 的银和 10％ 的铜合金制作的硬币，这种成色的银称为"硬币银"。而装饰用银的成色都在 800 银合金（80％ 银，20％ 铜）以上。

银－铜合金的优点如下：

（1）增加了银的硬度，便于手工制作。

（2）机械加工性能良好，能轻易地拉丝、压片。

（3）熔点低，铸造性能良好，合金用途广泛。

缺点是：

（1）没有改善银的抗硫化性能。

（2）当含铜量超过 8.8％ 时，会生成共晶组织，二元素的耐腐蚀性非常差。

当铜含量低于 14％ 时，合金的颜色依然是白色的；当铜含量超过 14％ 时，颜色就会由白色变成黄色直至红色。银－铜合金在大气中加热会轻易地变黑，但是通过稀硫酸的浸泡，又会恢复原来的色泽。

（二）银－钯合金

在饰用银材料中，银有一个很大的弱点，就是材质柔软，在制作款式复杂的首饰和日常使用较频繁的工具时，它的硬度显然不够。可以通过与铜的配合，熔炼成银－铜合金，硬度问题就能解决了。银还有另一个致命的弱点，就是在大气中遇硫会硫化变黑，大大地降低了银制品的美观程度。为了解决银遇硫变黑的问题，人们进行了种种试验，在银的表面电镀上一层铑，就能很好地提高银抗硫化的程度，能较长时间地保持银饰品的洁白和光亮。特别是在 1927 年，美国标准化局经过系统的研究和试验，得出了一个结论：要防止银的硫化，唯一的方法就是在银中加入其他的贵金属。如 40％ 以上的钯、70％ 以上的金或 60％ 以上的铂，就能使银不在大气中硫化。事实上,用这种方法来防止银的硫化变黑代价实在太高了,所以这种方法没有得到业内的采纳。

近年来,意大利和德国的一些贵金属材料公司在此理论基础上,配制出了低含量钯和微量铜、铁、锰、硅等的银补口,熔炼出的 925 银在很大程度上解决了银变色的问题。但是,到目前为止,还不能完全解决银在含硫的大气中发生硫化变色的问题。

在银合金中,加入低含量的钯、少量的金和微量的铂,这种合金是银饰品用材中较为理想的材料,在机械加工和铸造工艺中具有非常好的性能。

二、白银饰品保养

虽然白银饰品的化学性能较稳定、一般情况下不易与空气中的氧化合,但白银易与硫化物发生反应,生成硫化银。银饰品或银器具在佩带或使用一段时间后会变黑,其主要原因是佩带者汗液对银饰品的腐蚀,或使用的化妆品中含有汞或硫化物,污染的空气环境中含有硫化物气体等。因此,在佩带和使用银饰品时,应注意银饰品的保养与维护。白银饰品或制品在佩带过程中常出现变色的主要原因及保护措施有以下几方面。

(一)白银饰品腐蚀变色的主要原因

(1)化妆品中不仅含有汞,而且含有硫(俗称硫黄),硫和银作用生成黑色的硫化银。因此,在含硫的环境中不宜佩带白银饰品。如在化工厂内或化工厂周围,均不宜佩带白银饰品。

(2)空气中含有微量的硫化氢,硫化氢与银作用,也生成黑色的硫化银。因此,银饰品或银器在空气中放久了,表面就会渐渐变为暗色甚至黑色。一些蛋禽类变质后会产生硫化氢气体,因此进行与蛋禽类相关作业的工作人员,要注意不宜将白银饰品与变质的蛋禽放于一处。

(3)空气中夹杂有微量的臭氧,也将与银直接作用,生成灰黑色的氧化银。一些空气负离子发生器、厨房卫生消毒柜(臭氧灭菌)周围均不宜放置白银饰品。

(4)自来水的净化常用漂白粉或氯气,因此自来水中含有较高的氯离子,氯离子对白银有浸蚀作用,使白银生成白色氯化银,将影响银饰品表面的光泽,使饰品失去应有的光亮度。因此,不宜佩带白银饰品进入浴池或进行淋浴。

(5)洗衣粉中含有漂白剂,漂白剂含氯,洗衣粉对白银饰品有一定的腐蚀作用,因此不宜佩带白银饰品从事洗涤工作。

(6)白银与汞(水银)会发生作用,使白银饰品表面质量变坏,甚至形成汞膏,因此要注意避免白银与汞接触。曾有一位医务工作者,不小心摔破了体温计,在整理体温计碎片玻璃时,汞浸蚀了她佩带的精致的白银饰品。

(7)白银溶于盐酸、硝酸等强酸,从事化工工作者应引起注意。

(二)白银饰品的主要保护措施

当白银饰品出现腐蚀变色后,首先要检查近期佩带过程中是否有腐蚀性的物质与白银接触,不要没有根据地怀疑饰品的质量。为了保护白银饰品质量,使白银饰品延长使用时间,或证实白银饰品受到了污染,可采取如下保护措施:

(1)在新的白银饰品表面涂刷一层薄的透明的有机保护膜,常用的方法是在饰品表面涂一层无色指甲油,由于指甲油中含有机材料和易挥发的丙酮类物质,丙酮挥发后留下有机物,达到保护的目的。因此,使用银器或银饰品之前,最好给银饰品"穿上一件外衣",以隔离空气中的硫离子与银直接作用,起到保护并延长其使用寿命的作用。

(2)对已发生化学反应的白银饰品或银器进行表面抛光或表面再电镀,也是一种很好的方法。

(3)对与汞接触的白银饰品可通过加热的方法,将汞蒸发后再对银饰品进行重新抛光。

(4)现在市面上有一种专用于保护金银饰品或工艺品的表面涂料,使用该涂料,可增加白银饰品或工艺品的表面抗氧化和抗腐蚀性能。

练习题

1. 简述白银的发展历史和现状。

2. 白银及白银饰品如何分类?

3. 白银在首饰业和工业等领域中有哪些用途?

4. 简述白银的物理、化学特性。白银具有哪些特性使它被广泛应用于首饰工艺品?

5. 银的化学性质比黄金活泼,在佩戴白银首饰时,应注意哪些方面?

6. 为什么白银饰品使用一段时间后,饰品表面往往会变成灰黑色?

7. 防止白银饰品腐蚀变色的主要措施有哪些?

第六章　铂族金属

第一节　概　述

铂族金属之所以称为贵金属,主要是由它们独特的物理、化学性质及在地壳中的含量稀少所决定的。金属被称为贵金属,必须具备三个条件:首先,化学性质稳定,不易被氧化,不易与一般试剂起作用,能较长时间地保持其性能及瑰丽的色泽;其次,优异的物理性能及独特的催化活性;最后,在自然界中含量稀少。

从遥远的古代开始,铂族金属便以独特的魅力吸引着人们,无论是古埃及人、印第安人,还是欧洲的王公贵族,都曾为之倾倒。岁月的流逝并没有抹去它的光芒,直到今天,它依然是世人珍藏和迷恋的物质。

一、铂族金属的概念

铂族金属包括铂、铱、钯、铑、钌和锇等 6 种金属元素,常用于首饰的铂族金属只有铂、铑、钯和少量的铱。

铂金(英文为 Platinum,缩写为 Pt),西班牙语"Platina del Pinto"(意为 Pinto 河中类似于银的白色金属)。铂金是最稀有的首饰用天然白色贵金属。

由于铂金为银白色且中文"铂"又是由"金"与"白"两个字组合而成的,因此人们常将"铂"称为"白金",将用铂金制成的首饰称为"白金首饰"。在冶金材料中,"白金"泛指具有白颜色的贵金属。如贵金属中的锇、铱、钌、铑、铂和钯以及白银等。因此,可以将铂金称为"白金",但严格意义上,"白金"不应是专指铂金一种贵金属,而是白色贵金属的广义概念。若将白金仅理解为铂金,这只是对白金概念的一种狭义的理解。

在古代,人们通常将发现的不同特性的金属以其不同的颜色来命名和分类,大约在春秋战国时代,就已经形成了黄、白、青、赤、玄等五种颜色的金属,即从颜色分类的"五金"概念,其中的"白金"在当时是泛指一切白颜色的金属。由于当时只发现了白银这种金属呈现白色,因此白金这个概念在古代最早就是指白银。如 18 世纪,美洲的西班牙殖民者将他们所发现的铂金,错误地命名为平托河上的白银(platina del pinto)。但是,市场上从商业角度出发,也常将铂金的仿制品如 K 白金或白色 K 金以及新近开发的锗金属都称为"白金",因为它们都显示银白色泽,物理、化学性质与铂金相近。这样使"白金"的概念进一步广义化,从而引起市场贵金属饰品命名的混乱。有鉴于此,应以明确无误的"铂金"概念来专指金属元素铂(Platinum)或以铂为主要原料的铂合金材料饰品。而以"白金"一词泛指一切白颜色的贵金属,如白银、包括金属元素铂在内的铂族金属、K 白金以及锗金属等,即"白金"的广义概念。只有对"白金"概念作这样一个狭义概念和广义概念的区分,才可以避免人们对"白金"概念理解和认识上所产生的诸多误解。

因此,首饰业所应用的"白金"的广义概念,应包括如下贵金属:

(1)铂族金属元素(platinum group elements),含钯(palladium)、铑(rhodium)、铱(iridium)、铂(platinum)等,其中,铂又可分为纯铂合金、铱铂合金、钯铂合金等。

(2)为仿制铂而制造的 K 白金,有金银系列 K 白金和金钯系列 K 白金等。

(3)新近开发应用的锗金属(germanium)。

二、铂族金属的发展历史

早在公元前 700 年,古埃及人就用铂金铸成了华美象形文字装饰其神匣;公元前 100 年,南美的印第安人制成不同款式的铂金首饰;18 世纪末,法国国王路易十六特别偏爱铂金,称之为"唯一与国王称号相匹配的贵金属";举世闻名的霍普(希望)钻石,也被永远地镶嵌在铂金上。

文献中最早有铂金记载的是在 1557 年,那时,意大利学者和诗人发现由南美洲和中美洲的西班牙殖民地的矿藏中所获得的白色金属难以熔化,称它为"铂"是由于这种新的难熔金属和银的相似性,而银在西班牙语中称为"Plata"。

在 1773 ~ 1774 年,法国科学家经努力获得了具韧性状态的铂,并于 1783 年取得制备韧性铂的专利。19 世纪初,对制备韧性铂的工艺进行了详细的研究,于 1802 年,在净化铂时,由天然金属矿中分离出两个铂系新金属钯和铑。

1825 ~ 1826 年,科学家在彼得堡矿业学院的实验室中成功地熔炼出乌拉尔的铂金,并组织了产品生产。1827 年,彼得堡矿业学院的科学家对天然乌拉尔铂金的精炼方法进行了详尽的研究,制备出了海绵状的铂。

目前,世界上仅南非和俄罗斯等少数地方出产铂金,南非的铂金产量占全球总量的 80% 以上,其余大部分为俄罗斯所产。铂金每年产量仅为黄金的 5%。成吨的矿石,经过 150 多道工序,耗时数月,所提炼出来的铂金仅能制成一枚数克重的简单戒指。如此稀有,难怪拥有铂金感到弥足珍贵,也难怪乎著名设计师路易斯·卡地亚称铂金为"贵金属之王"。铂金的三大特点是稀有、纯净、坚韧。

三、铂族金属的发现

钯:英国科学家威廉·海德·沃拉斯顿(Willian Hyde Wollaston)在 1803 年使用 NH_4Cl 从王水溶液中沉淀出 $(NH_4)_2[PtCl_6]$ 的试验中,在母液中发现了钯,并以 1802 年发现的小行星"Pallas"命名。

铑:英国科学家威廉·海德·沃拉斯顿(Willian Hyde Wollaston)在 1803 ~ 1804 年提炼铂、钯的废渣中,发现了一种具玫瑰色的金属盐里含有铑(Rh),希腊文意为"玫瑰"。

铱:1803 年,英国科学家史密斯逊·坦南特(Smithson Tennant)在研究王水溶解铂后的剩余残渣中发现一种颜色多变的化合物,命名为铱(拉丁文意为"虹")。

锇:在上述的试验中发现的另一种物质的氧化物能挥发出特殊气味,命名为锇,希腊文(Osme)意为"气味"。

钌:1844 年,钌是由俄国喀山大学化学系教授克劳斯首先发现的,他从乌拉尔铂矿渣中制得 $(NH_4)_2[RuCl_6]$,经煅烧后获得金属钌,钌的拉丁文意为"俄罗斯"。

铂:1735 年,铂是由西班牙科学家安东尼奥·乌洛阿(Antonio de Ulloa)在平托河金矿

中发现的。"铂"的名称起源于西班牙语"Platina",意为"稀有的银"。第一个科学研究的铂的试样,是在 1741 年由科学家在理斯·伍德(Charles Wood)从牙买加带到英国的铂,当时引起了国际上科学家的极大兴趣。

铂族金属虽然发现较晚,直到 20 世纪初才真正进入工业规模的生产,由于其特有的优良性质,使之成为现代科学、尖端技术和现代工业中必不可少的重要材料之一,应用范围也日益广泛。

四、铂金首饰种类

铂金首饰的白色光泽自然天成,经常佩戴都不会出现斑点和褪色,而且与任何类型的皮肤相配。铂金超乎尘世的纯粹,更衬托出佩戴者的清秀脱俗。"时间可以改变一切,坚韧却让铂金超越时间"。铂金的强度是黄金的 2 倍,其韧性更胜于一般贵金属,1 g 铂金即使被拉成 1.6 km 长的细丝也不会断裂。因此,将铂金制成项链等首饰,或镶嵌各种珍贵宝石,都至为牢固可靠,而它的高密度又保证了每件铂金首饰都不易划伤磨损,经得起时间的考验,值得一生珍藏。

铂金自用于制作首饰而进入市场以来就以其贵金属所特有的质感、美感和韵律感,在当代珠宝界中赢得了高贵典雅、温柔娴良的现代淑女和稳重有加、风度翩翩成功男性的青睐。以铂金材料镶嵌的珠宝首饰正好可以表现出首饰整体的典雅大方,富有艺术品味,而又具神秘莫测的气氛。这就是铂金以及铂金镶嵌的首饰一向在艺术修养和文化水准高的社交圈中流行的主要原因。

透明无色、火彩四射的钻石镶嵌在银辉闪烁的铂金托架上,晶莹的钻石与洁白的铂金交相辉映,衬托出钻石的洁白无暇和雍容华贵,象征着纯洁和高尚。因此,人们常把它与钻石一起制成婚礼戒指,作为爱情的信物,以表示爱情纯真和天长地久。

铂金首饰以往主要流行于日本、欧洲与北美一些经济较发达的国家和地区。日本尤其偏爱铂金首饰,统计资料表明,日本女性宝石首饰的持有率达 95.9%,而铂金首饰的持有率达 76.5%,平均每人持有的铂金首饰达 3 件以上。日本著名诗人北原白秋的《白金之独乐》和宫泽贤治的《白金之雨》中,铂金被形容为神圣的日光、日月精华之灵光和宇宙万物之源的象征。由此可见,铂金首饰的佩戴是与一个民族的精神相联结在一起的。随着我国经济的进一步发展,据国际铂金协会的统计,2000 年我国的铂金销量达 60 t 之多,约占当年世界铂金产量(164 t)的 36.6%,首次超过有"铂金大国"美誉的日本,成为世界铂金销量第一大国。

铂金首饰包括纯铂金首饰、铱铂金首饰和钯铂金首饰等。

(一)纯铂金

纯铂金又称高成色铂金,理论成色应达到 100%,但实际上,金无足赤,铂亦无足铂,实际上纯铂金成色为 99% 左右。纯铂金质地比较柔软,颜色为灰白色,制作铂金首饰时,会因材料强度而受到某些限制,一般都制成不镶珠宝玉石的素铂金首饰,其品种和款式有线戒、项链和丝状耳环等。

尽管铂金的硬度比黄金高,但要镶嵌钻石和其他珠宝玉石则仍感到硬度不足,这时往往需在铂金中加入少量的铱、钯、钴、铜等其他金属来提高材料的硬度和韧性。

（二）铱－铂合金

通常为提高铂金硬度和韧性而在纯铂金中掺加铂族金属铱，这样一起熔炼成的合金就是铱－铂合金。铱－铂合金颜色亦为银白色，金属光泽，硬度较高，相对密度亦大，化学性质稳定，是极好的贵金属首饰材料。

（三）钯－铂合金

钯－铂合金即铂金与钯金的合金，这种合金主要由意大利和日本生产。目前，日本市场所谓的白金首饰主要就是钯－铂合金。通常这种钯－铂合金的含铂量都在75％以上。

五、铂金首饰的纯度标识

在国外，铂金首饰一般都刻有 Pt 或 Plat 或 Patium 字样和表示纯度的千分数，如标有 Pt900 印记的铂金首饰，表示纯度为900‰的铂金；而足铂金的成色为990‰，标记为 Pt990；市场上比较常见的有 Pt950，其含铂金成色为950‰。

欧洲发达国家如英国、法国和德国等基本上都规定，铂金饰物的纯度应达到950‰以上。在美国，铂金饰物上一般只刻有 Platinum 或 Plat 等字样，而没有表示纯度的千分数值。这是因为美国有关部门已经规定，纯度达不到950‰以上的铂金，是不能刻有铂金（Pt）印鉴的。因此，在美国凡见到刻有铂金标记的铂金饰品，其纯度无疑都在950‰以上。

日本则用其国旗和铂金含量的千分数以及 Pt 来对铂金首饰做质量保证，有时还用官印 JIS 或 JAS 对此做出进一步的证明。日本造币局规定，对于铂金饰品有 4 种纯度规格：1 000、950、900 和850。

我国参照国际通行规则并结合我国的实际情况，规定铂金饰品必须刻印有铂的千分数和 Pt 或铂的字样，如900Pt、900 铂等，都表示铂金成色为900‰以上。

六、铂族金属的用途

世界著名首饰设计师如 Cartier、Tiffany 等均利用铂金创造出不朽的杰作。瑞士名表"劳力士"推出的特别用铂金制作成的新款手表，价格远高于其他系列产品。铂金的抗氧化力强，熔点高，因此还被用于制作宇航服。铂金作为催化剂，被广泛用于汽车尾气净化装置，为保护环境起到重要作用。第二次世界大战时期，铂金具有很重要的军事用途，因为它是一种良好的催化剂，美国政府曾一度禁止铂金的非军事用途。任何人的皮肤对铂金都不会有过敏现象，铂金可做成电极用于电子脉冲调节器，直接插入人体心脏，救治心律不齐患者。

铑对可见光谱具有很强而又均匀的反射能力，在金属中仅次于银，但银在空气中会因硫化物的作用而变暗，铑却能持久地保持其较大的反射率，因而铑常用于首饰的电镀材料，可保持首饰持久光亮如新。

第二节　铂族金属的基本性质及铂合金

一、铂族金属的原子结构

铂族金属在元素周期表中位于第Ⅴ周期和第Ⅵ周期，铂族金属原子中外层电子排布的相似性以及有效原子半径的相近，导致这些元素化学性质很相似。

铂族金属作为过渡族的元素,其特征是具有各种不同的离子价态。一般它们只是失去电子呈现正离子态。随着周期数的增加,元素电子层增加,离子价增加。由于铂族金属具有高电荷、离子半径较小和存在未充满的 d 电子轨道,铂族金属是典型的络合物形成体。这样,它们在溶液中的所有化合物,包括简单化合物(卤化物、硫酸盐、硝酸盐)都可以转化为络合物,因为在形成络合物时,既有存在于溶液中的化合物的离子参加,也有水参加。因此,铂族金属的湿法冶金就是基于利用它们的络合物。

二、铂族金属的物理性质

在元素周期表中,铂族金属包括钌(Ru)、锇(Os)、铑(Rh)、铱(Ir),钯(Pd)、铂(Pt)等 6 种金属元素。由于铂族金属中钌和锇过于稀少且分散,在首饰中常用的铂族金属通常只有钯、铑、铱和铂等 4 种贵金属,在铂族金属矿物中,这 4 种元素彼此之间通常构成范围广泛的类质同象系列,其中有时还会有铁、钴、镍等类质同象混入物的出现。铂、钯、铑和铱均为等轴晶系,面心立方结构,单晶极少见,偶尔呈六方体或八面体的单晶粒出现。一般呈不规则粒状、葡萄状、树枝状和块状等多晶形态。颜色和条痕均为银白至钢灰色,金属光泽,无解理,锯齿状断口,具良好延展性,为电和热的良导体。铂族金属的共同特性是高熔点、高沸点、低蒸气压和抗氧化、耐腐蚀等优良性能。但不同的铂族金属的性能存在较大差异。

(一)铂(platinum)

铂是由自然铂、粗铂矿等矿物熔炼而成的,化学符号为 Pt,呈锡白色,原子序数为 78,原子量为 195,晶体结构为面心立方晶格,原子体积为 9.12,硬度为 4.5,密度为 21.45 g/cm³,熔点为 1 763 ℃,沸点为 3 800 ℃,是热和电的良导体。金属铂极具延展性,铂金的延展性是铂族金属中最好的,可拉成直径为 0.001 mm 的细丝,可轧成厚度仅为 0.001 mm 的铂箔。纯铂的强度较低,为提高铂金的强度,改善其抗蠕变性能,铂中常加入铑、铱等元素。

铂富有延展性,易于机械加工,纯铂可冷轧成厚度为 0.002 5 mm 的箔。铂对气体的吸附能力很强,可制成碎粒或海绵体,吸附大量的气体,常温时可吸收超过其本身体积 114 倍的氢,温度升高时吸附气体的性能更强。铂对光的反射能力较强,对 550 nm 的光线,铂的反射率达到 65%。

铂金呈浅灰白色,与纯银比较,铂金的颜色灰得更深一些,与镍比较,铂金的颜色就灰得浅一些,所以铂金的颜色介于纯银和金属镍之间。但其鲜明度远远超过纯银和镍,铂金的理论密度为 21.4 g/cm³,为首饰贵金属之冠,铂金的密度随温度略有实化,铂金锭中含有一定量的气体时,其密度略有下降,经压延后其密度将会上升,铂金的熔点比黄金近高出 700 ℃,为 1 763 ℃,是首饰材料中最难熔的金属。

由此可见,铂在密度、硬度、熔点等方面都比金高。可以这么说,凡是黄金所具有的特性,铂金都具备,而铂金在延展性、抗腐蚀性、耐高温、耐摩擦和导热、导电等性能方面,又都超过了金,这就是为什么典雅庄重的铂及其合金能被广泛应用于首饰业,并成为后来居上的"白雪公主"的原因所在。

(二)钯(palladium)

钯由自然钯矿物熔炼而成,其化学符号为 Pd,呈银白色,原子序数为 46,原子量为 106.4,晶体结构为面心立方晶格,原子体积 8.9,银白色,摩氏硬度 4 ~ 4.5,相对密度 11.4 g/cm³,熔点 1 552 ℃,沸点为 2 900 ℃,化学性质稳定,产量比铂大。钯具有良好的延展性,易于机械加工,对氢的吸附能力极强,能吸附其体积 2 800 倍的氢,可制成非常稳定的胶体悬浮物及固定制剂。对光的反射能力较强,是热和电的良导体。用途十分广泛,近年其价值与铂相当,由于环境保护得到了重视,钯在汽车尾气净化中具有十分重要的用途。在首饰业中钯主要用于与铂或黄金一起炼制 Pt - Pd 合金或白色 K 金材料。

(三)铑(rhodium)

铑主要由自然铑矿物熔炼而成,化学符号为 Rh,银白色,摩氏硬度 4 ~ 4.5,原子序数为45,原子量 102.9,晶体结构为面心立方晶格,原子体积为 8.5,密度为 12.41 g/cm³,熔点为 1 966 ℃,沸点为 3 700 ℃,呈银白色,属于难熔的金属,熔融的铑具有高度溶解气体的性能,凝固时又放出气体。铑是热和电的良好导体,易吸收氢气和其他气体,对光的反射能力很强,对 550 nm 的光线,反射率为 78%。由于铑的耐腐蚀和抗磨损能力较强,铑对光的反射能力与银相当,因此铑被广泛用于表面电镀材料,如用于白银首饰或铂 - 钯合金首饰的表面电镀等。

(四)铱(iridium)

铱主要由自然铱或铱锇矿等矿物提炼而成,化学符号为 Ir,原子序数 77,原子量为192.2,晶体结构为面心立方晶格,原子体积为 8.6,硬度为 6.5,密度为 22.42 g/cm³,熔点为 2 443 ℃,沸点为 4 500 ℃,呈银白色,属于难熔的金属。铱在贵金属中密度最大,它是热和电的良导体,也具有很强的气体吸附能力和对光的反射能力。性脆不易加工,只能在高温下压成箔片或拉成细丝,化学性能稳定。主要用于制造科学仪器、热电偶、热电阻等。高硬度的铁 - 铱和铱 - 铂合金常用来制造笔尖,也可用于制作首饰。

(五)锇(Os)

锇的化学符号为 Os,原子序数为 76,原子量为 190.2,晶体结构为密集六方晶格,原子体积为 8.5,硬度为 7,密度为 22.48 g/cm³,熔点高达 3 045 ℃,沸点在 5 000 ℃以上,属于极难熔的金属。锇的颜色接近于青白色和蓝灰色,对气体吸附能力很强,它的密度较高,在贵金属中是熔点最高的金属。

锇对酸的化学性质也特别强,不但不溶于普通的酸,而且不溶于王水,是极具化学稳定性能的金属。

(六)钌(Ru)

钌的化学符号为 Ru,原子序数为 44,原子量为 101.1,晶体结构为密集六方晶格,原子体积为 8.3,硬度为 6.5,密度为 12.35 g/cm³,熔点为 2 285 ℃,沸点高达 4 880 ℃。钌的颜色呈灰白色,属于难熔的金属,也是热和电的良导体,对气体的吸附能力很强,对光有着较强的反射能力。钌不溶于普通的酸和王水,但在空气中加热到 450 ℃以上会慢慢地氧化。

铂族金属的物理性质彼此间很相似,铂族金属都是非常难熔和难挥发的金属,呈深浅程度不同的浅灰白色。按照密度,铂族金属可以分为轻铂族金属(钌、铑、钯)和重铂族金属(锇、铱、铂)。密度最大的金属是锇,密度最小的是钯。

铂族金属的沸点和熔点的变化趋势,在周期表中从右向左,即从钯到钌和从铂到锇,以及沿垂直线从上往下,沸点和溶点升高。最难熔的是锇和钌,最易熔的是钯。虽然铂族金属的沸点很高,但当在空气中加热时,铂族金属容易挥发。铂(自 1 000 ℃开始)、铱(自 2 000 ℃开始)和铑在熔化时的挥发现象,主要是由于与氧的反应生成了易挥发性的氧化物之故。

铱和铑很硬且脆,但它也可能被研磨成粉末。在接受加工方面,铑只有在赤热温度下才

可进行加工。在加热状态下,铂比较容易轧制和锻压,柔性和可塑性的钯特别容易机械加工,铱和铑能抗多种氧化剂的侵蚀,有很好的力学性能。

铂族金属一般具有吸附气体的典型特性,特别是吸附氢和氧的能力。当铂族金属处于微粒分散和胶体状态时,其吸附气体能力将显著增大。钯具有最大吸附氢的能力,1 体积的钯能够吸附约 2 800 体积的氢。吸附氢后,钯的晶格常数将不断增大,形成氢与钯的固溶体,且氢可以在钯中自由通行。铂族金属对氢的吸附能力变化趋势如下所示:

$$Pd > Ir > Rh > Pt > Ru > Os$$

将贵金属在真空中加热到 100 ℃时,被吸附的氢即可逃逸。氢最容易从钯中逃逸,不易从铂中逃逸,从铱中逃逸最困难。

铂(特别是铂黑)具极强的吸附氧的特性。1 体积铂黑可吸附 100 体积以上的氧,钯和其他的铂族金属吸附氧的能力显著减弱。由于铂族金属具有极强的吸附气体的能力,因此铂族金属(主要是钯、铂和钌)常用于在氢或氧化反应中的催化剂。

三、首饰铂族金属的化学性质

铂族金属具有极好的抗腐蚀及抗氧化性能,但它们之间的抗腐蚀、抗氧化性能差别很大。铂族金属的化学性质很大程度上取决于它们的分散度,密实的铂族金属对于各种试剂甚至在高温下都是极稳定的,但在高温下,分散状态的铂族金属将与各种氧化剂发生激烈作用。

(一)铂

铂的化学稳定性极强,但能溶于王水。铂还具有很强的抗氧化性能,在常温下对空气和氧十分稳定,并且铂是唯一能抗氧化直到熔点的金属。

在常温下,铂不与无机酸及有机酸作用,但在加热的情况下,硫酸能缓慢地溶解铂,也可完全溶解于王水之中:

$$3Pt + 4HNO_3 + 18HCl = 3H_2[PtCl_6] + 4NO + 8H_2O$$

铂与氧作用生成氧化物 PtO、Pt_2O_3 和 PtO_2。在氧化性气氛中,0.8 MPa 压力下,加热铂粉到 430 ℃,会使铂氧化生成氧化物 PtO。熔融状态的碱或氧化剂能腐蚀铂,在 100 ℃氧化条件下,各类卤氢酸或卤化物起络合剂作用,能促使铂络合而溶解。当铂中有铑、铱存在时,则将增强其抗腐蚀的性能。

在高温下,碳能熔于铂、钯之中,其熔解度随温度增加而增大,降温时,碳将从铂或钯中析出,但这将使铂或钯的性能变脆,即所谓的中毒现象。所以,熔融铂或钯时,不能使用碳坩埚,通常选用刚玉或氧化锆坩埚,并在真空或惰性气体保护下熔炼。

在 360 ℃下,如果将氯作用于铂,可生成四氯化铂($PtCl_4$);当温度超过 370 ℃时,即转化为三氯化铂($PtCl_3$);而在 435 ℃下,可分解为氯和二氯化物($PtCl_2$);在 582 ℃下,二氯化铂分解为氯和金属铂。因此,在 350~600 ℃下,不能使铂与氯气接触。若已经形成氯化铂,可通过进一步加热,使氯化铂还原为金属铂。

(二)钯

钯是铂族金属中抗腐蚀性能最差的金属,硝酸能溶解钯,尤其是存在氯化物或络合物时,如王水,钯更易腐蚀溶解。热硫酸、浓硝酸和熔融硫酸氢钾都能溶解钯。若钯中含有其他铂族元素,将增强钯的抗蚀性能。

$$Pd + 2H_2SO_4 = PdSO_4 + SO_2 + 2H_2O$$

$$Pd + 4HNO_3 = Pd(NO_3)_2 + 2NO_2 + 2H_2O$$

钯与氧作用生成氧化钯（PdO），它在高温条件下按下式分解：

$$4PdO = 2Pd_2O + O_2$$

在温度高于 870 ℃时，氧化钯被完全还原成金属钯。二氧化钯（PdO_2）呈暗红色，是强氧化剂，在室温下会缓慢地失去氧。在 200 ℃下，PdO_2分解为 PdO 和氧气。

钯与硫作用可生成硫化钯 PdS 和二硫化钯 PdS_2。钯与硒、碲生成化合物 PdSe、$PdSe_2$、PdTe 和 $PdTe_2$。

在灼热的温度下，金属钯与氯气作用，可生成二氯化钯（$PdCl_2$），当钯在王水中溶解时，即生成了四氯化钯，它与盐酸生成氯钯酸（$H_2[PdCl_6]$），在煮沸的情况下，即转化为氯亚钯酸：

$$H_2[PdCl_6] = H_2[PdCl_4] + Cl_2$$

氯钯酸（$H_2[PdCl_6]$）或氯亚钯酸（$H_2[PdCl_4]$）与金属反应可获得氯钯酸盐（$Me_2[PdCl_6]$）或氯亚钯酸盐（$Me_2[PdCl_4]$）。

钯溶于硫酸可得到钯的硫酸盐 $PdSO_4 \cdot 2H_2O$，经水解生成 $Pd(OH)_2$。当存在盐酸时，它即转化为氯亚钯酸 H_2PdCl_4。钯与硝酸作用生成硝酸钯 $Pd(NO_3)_2$。当往氯亚钯酸盐溶液中添加过量的氨时，可得到四氨氯化物：

$$(NH_4)_2PdCl_4 + 4NH_3 = Pd(NH_3)_4Cl_2 + 2NH_4Cl$$

如果再往此溶液中添加氯亚钯酸盐，则可析出红色沉淀物：

$$Pd(NH_3)_4Cl_2 + (NH_4)_2PdCl_4 = Pd(NH_3)_4PdCl_2 + 2NH_4Cl$$

当往四氨氯化物溶液中小心地添加盐酸时，即析出亮黄色细小结晶沉淀二氯化二氨络钯：

$$Pd(NH_3)_4Cl_2 + 2HCl = Pd(NH_3)_2Cl_2 + 2NH_4Cl$$

二氯化二氨络钯稍溶于水，这一性质被用于钯与其他铂族金属的回收分离。在煅烧时，二氯化二氨络钯即分解为金属钯：

$$3Pd(NH_3)_2Cl_2 = 3Pd + 2HCl + 4NH_4Cl + N_2$$

钯的抗氧化性能很强，在常温下对空气和氧都是十分稳定的，并具有较强的化学稳定性，在 350～790 ℃的温度中，钯会生成氧化膜，一旦温度高于 800 ℃时，又分解为钯和氧。钯还是铂族元素中最活泼的一个，能溶于王水，也溶于浓硝酸和热硫酸。

（三）铱和铑

铱和铑是铂族金属中化学稳定性最好的金属，热王水也不易溶解铑和铱。通常将铱的粉末与过氧化钡或过氧化钠共熔融时，可氧化铑或铱，随后以盐酸或盐酸和硝酸的混合酸处理熔融物，可使铱或铑溶解。在铱的氧化物中，人所共知的是氧化铱 Ir_2O_3 和 IrO_2，铱（Ⅳ）的氧化物为蓝黑色带有金属光泽的粉末，可溶于酸。铱（Ⅲ）的氧化物为黑色粉末，它不溶于盐酸和王水。

当氯与铱作用时，随着温度不同而生成不同的氯化物（IrCl、$IrCl_2$、$IrCl_3$）。在水溶液中的氯化导致析出氯铱酸 $H_2[IrCl_6]$。氯铱酸铵在铂族金属的精炼中有很大价值，它被用于铱和其他铂族金属的回收和分离。

铂族金属在空气中加热时，表面会生成氧化膜，钯在 350～790 ℃时，铱和铑在 600～

1 000 ℃时,表面即形成氧化膜,当首饰表面形成氧化膜时,将影响首饰的表面质量,进一步升高温度时氧化膜将分解还原成金属,这时,首饰表面又将恢复金属光泽,铂族金属首饰表面常电镀铑。

铑对酸的化学稳定性特别高,不仅不溶于普通的酸,甚至不溶于王水,但能溶于沸腾的浓硫酸。它的抗氧化性能也很强,在常温下对空气和氧都是十分稳定的。所以,常温中的铑镀层能保持相当长的时间不变色。

铱对酸的化学稳定性特别高,不仅不溶于普通酸,甚至不溶于王水。铱在常温下对空气和氧都是十分稳定的,是唯一可以在氧化环境下达到 2 300 ℃而不发生严重损坏的金属。但在 600 ~ 1 000 ℃的空气中会发生氧化,如果继续升高温度,氧化物就会消失,这使得铱又恢复金属的光泽了。

四、铂合金材料

铂合金饰品见图 6-1 和图 6-2。

图 6-1　铂合金饰品(一)

图 6-2　铂合金饰品(二)

(一)铂 – 钯合金

通常的 Pt900 合金(铂 90%、钯 10%)溶解温度较高,为 1 755 ℃,所以单用一般的煤气不能溶解它,如果用高频或中频熔炼炉则能在数分钟内轻松地将它融化。这种熔炼方法,目前在贵金属材料配制和铸造工艺中使用很广泛。

铂 – 钯合金具有相当好的抗氧化性能,而且它的机械加工性能也非常好,能轻易加工成各种形状的型材。在失蜡浇铸工艺中,可在 1 850 ℃左右的温度下进行铸造,缓缓流动的熔化合金能保证铸件的完整。但是,铂 – 钯合金在铸造中比较容易出现“砂眼”,尤其是在水口或产品的两端处较为集中,所以整体相同厚度的设计是很重要的。

因为铂－钯合金具有很好的柔软性和很强的黏性,所以在执模、打磨时会显得较为困难,在后处理过程中,特意使表面的硬度有所增加就变得尤为重要了。

（二）铂－铜合金

在铂中加入铜成为铂－铜合金,会使其硬度迅速提高,如在铂中加入5%的铜,就能使合金的HV硬度达到120。加入10%的铜,HV硬度会提高150,但是这种合金会因为退火而表面变色,后处理可用10%的硫酸溶液处理。

如果在铂中加入3%～5%的铜,不但加工操作性能良好,而且能得到相应的硬度。通常使用的是铂90%、钯7%、铜3%和铂90%、钯5%、铜5%的合金,可是这种铜达到5%的合金很难进行铸造工序,如在赤热的状态下锤打,容易破碎,而在低温状态下锤打,材料又显得坚硬。

铂－铜合金的溶解温度在1 740 ℃左右,在大气中很难熔解,不适合浇铸,很容易出现"砂眼",这也是铸造后的成品比较脆的原因。铂－铜合金只能在真空铸造机中进行浇铸,而且必须进行惰性气体保护,熔解温度为1 850 ℃左右。

（三）铂－金合金

铂－金二元合金因为其熔炼后在凝固时的温度范围很大,所以很难形成均一的组成,这种合金在1 258 ℃时,两种金属会出现二相分离状态,必须在高温的状态下进行急速冷却。如果不这样做,合金材料就会变得又硬又脆。

通常使用的铂－金合金为铂95%、铜5%和铂90%、钯5%、铜5%的合金材料。

铂90%、铜10%合金,其HV硬度为135,机械和手工加工性能均良好,溶解温度为1 710 ℃,铸造温度为1 810 ℃。

这种合金具有能被时效硬化处理的特征,也就是所说的钢铁的硬化处理。将合金置于400 ℃的温度下进行数小时热处理,铂90%、金10%的合金HV硬度就能达到300。

（四）铂－银合金

由于铂和银的熔点相差太多,银在形成合金的过程中会大量挥发,而铂却未达到它的熔点,所以铂和银很难形成均匀的合金。如果在真空的环境中熔炼,银熔化后加以一定量的保护气体,这种情况就会得到改善。但是目前已几乎不再用铂－银二元合金来制作饰品了。

（五）铂－钌合金

在铂中加入钌,能使材料的硬度得到大幅度的提高。当钌的含量为4%时,合金的HV硬度达到120;钌的含量为8%时,HV硬度达到160;当钌的含量为11%时,合金的HV硬度就会达到200。在铂中加入适量的钌,形成铂－钌合金,这种富有弹性的硬性铂族金属合金,很适合一些需要有弹性部件的首饰的制作。但是,钌的熔点很高,为2 400 ℃,一般的煤气炉很难将钌熔化,需要在高频中才能熔化钌,并且在融化过程中须用气体保护才能避免钌的氧化。另外,普通的酸和王水无法溶解钌,所以钌的回收、提纯也较麻烦。

（六）铂－铱合金

铂－铱合金是铂合金中最古老的合金,传说这种合金被制作成王冠。在首饰用材中,一般使用的含铱合金为铂90%、钯5%、铱5%和铂95%、钯3%、铱2%的三元合金及铂90%、铱10%的二元合金。

铂90%、铱10%的二元合金的HV硬度为130,熔金温度为1 800 ℃,在含铱的铂合金中,因为铱能使合金的硬度得到显著提高,所以一般含铱量不超过30%。

(七)铂 - 钨合金

钨是灰黑色的晶体,质硬且脆。在铂中加入适量的钨,可以制造出有弹性材料的铂合金。在铂 - 钨合金中,铂90%、钯5%、钨5%的饰品在日本很普遍,它的 HV 硬度为150,在所有的铂族合金中是最适合于手工制作的优良合金。

铂 - 钨合金的压片、拉丝作业性都很强,但是在大气中较难溶解,必须在真空的环境中加以惰性气体的保护才能进行熔炼作业,溶解温度为 1 860 ℃,若要铸造,溶解温度须在 1 960 ~ 2 060 ℃范围内才有效。

(八)铂 - 钴合金

这是一种最适合铸造的铂合金。在铂中加入钴,硬度迅速上升,和铂 - 钯合金相比,加上3%的钴,约1.5倍的 HV 硬度为110;如果加入5%的钴,约2倍的 HV 硬度为140。通常使用的铂 - 钴合金为铂90%、钯7%、钴3%和铂90%、钯5%、钴5%的合金。另外,在素铂金饰品用材上,铂95%、钴1.5%、铜3.5%的合金也是一种较理想的合金,这种合金不但易于加工,而且价格较其他铂合金来说要低得多。

含钴的铂合金溶解温度在 1 700 ~ 1 720 ℃,铸造温度在 1 820 ℃时即可操作。融化后的金属流动性较好,而且钴的自身脱氧化性能很好,浇铸后产品针孔很少。

钴在增加铂的硬度的同时也提升了合金的切削性,所以在后道工序中能很容易增加它的光泽。

第三节　贵金属材料的生产资源

贵金属材料的生产,由于其资源的不同,相应的生产技术和工艺也就有差异。

一、贵金属矿产资源——一次资源

凡含有金、银、铂、铑、钯、铱、锇、钌八种元素的各类矿石、矿物、选冶中间产物和富集物,称为一次资源。

在金矿产资源中,分为独立矿和伴生矿两种,我国的黄金矿产资源主要是岩金、砂金和伴生金。我国已探明的银矿资源几乎都是有色金属伴生矿,大多与铅锌矿共存,其次是铜矿。我国已探明的铂金矿储量很小,仅占世界总探明储量的 0.6%,而且品位低,平均约为 0.4 g/t。没有独立开采矿,绝大部分是伴生矿,95% 以上的储量属于铜镍型铂族金属矿床,其余为铬铁矿型、钒钛磁铁矿型、镍钼型和砂铂(族)矿型,还有少量伴生于各种有色金属矿床中。

我国各类金矿的储量比率见表6-1,我国各类伴生银矿的储量比率见表6-2。

表 6-1　我国各类金矿的储量比率

金矿类型	岩金	砂金	伴生金
占储比率(%)	52.0	14.5	33.5

表6-2　我国各类伴生银矿的储量比率

银矿类型	铅银矿	铜矿	锡铅锌矿	金矿	其他多金属矿
占储比率(%)	44.0	31.6	6.6	4.5	13.1

二、贵金属的再生回收——二次资源

贵金属的再生回收是将那些已失去原使用性能的零部件和生产过程中收集的废料、清扫物回收再生,提纯熔炼,加工成相应的纯金属或合金。

从贵金属的使用、分布状况来看,二次资源的种类很多,几乎分布在各个产业部门,归纳起来主要有:

(1)化工石油工业用各种催化剂。如铂、铂铼、钯、金钯、铂钯铑等。

(2)电气仪表用各种导线、电阻与电容材料、电接触材料与焊料。如金、银、铂铱、钯铱、银氧化镉、钯银铜等。

(3)化学玻璃及玻璃纤维工业用坩埚及漏板材料。如铂、铂铑金等。

(4)各种工业测试材料。如铂–铂铑、铱–铱铑、铑–铁等。

(5)汽车、柴油机废气净化用催化剂。如铂、钯、铑等。

(6)打印照片及制镜业的含银废料和废胶片。

(7)其他材料。如牙科材料、工艺品、实验室器皿及用具、电镀废液、废旧首饰以及各种加工中产生的废屑、锉末、清扫物等。

三、贵金属二次资源的主要特征

根据贵金属废料的来源不同,大致可以分为以下四大类:

(1)生产制造过程产生的废料,例如首饰加工业产生的车屑、锉屑、抛光粉尘、下角料,铸造过程产生的废料,贵金属制品厂生产过程中的各种废料等。

(2)贵金属制品使用过程中因性能变差、外形损坏、失去使用功能或失效的贵金属废料,如化工石油工业中的各种催化剂,电器仪表用各种导线、电阻与电容材料,电接触材料与焊料,光学玻璃及玻璃纤维工业用坩埚及漏板材料,各种工业用测温材料,如铂–铂铑、铱–铱铑、铑–铁等热电偶,汽车、柴油机废气净化用催化剂,珠宝首饰业的旧金、旧铂饰品或经佩带损坏的旧首饰,报废的牙科材料、旧工艺品、旧实验器皿或用具等。

(3)贵金属制品在使用过程中产生的废料,如电镀业、印相业、制镜业等产生的废液、阳极泥、化工业中产生的各种贵金属络合物等。

(4)分散在民间消费者手中的各种废旧的贵金属器皿、首饰制品、餐具等。

四、贵金属二次资源回收与利用的意义

由于贵金属资源的匮乏,特别是当前贵金属供需矛盾日益突出,世界贵金属产量已不能满足人类日益增长的消费需求,因此迫切需要开辟新的贵金属资源。据不完全统计,人类已生产的贵金属大约为100万t,其中,铂族金属约0.4万t,金约10万t,银约87万t。除其中一部分(主要是金)作为珍贵的文物或黄金储备外,多数用于工业或人们的生活领域。因此,每年需要进行回收再生或重新提炼的贵金属的绝对量越来越大,如近年银的回收量已达

4 000多t,接近当年产量的50%,而每年铂族金属的回收量已超过当年铂族金属的产量。从已探明的贵金属地质储量来看,贵金属储量极其有限,现已生产的金、银数量早已超过现有的地质储量(金约为2.4倍,银约为3.2倍)。另外,从二次资源中提取贵金属不管从成本上还是效率上都比从矿石中提取贵金属合算,在贵金属废料中的含量一般在万分之几至几乎为纯金属,而贵金属矿石中的含量仅为百万分之几,甚至百万分之一(小于1 g/t)。因此,二次资源的回收不仅成本低、能耗小、效率高,而且可解决贵金属资源严重不足的矛盾,贵金属二次资源的回收利用具有十分重要的历史和现实意义。

五、白银二次资源的回收与再生利用

在日常生活与生产过程中,产生大量的含银废料、废液和失去使用功能的或报废的银器具、银制品等。从这些废旧含银物料中回收银,变废为宝,利国利民。经回收再利用的银在全世界银总产量中占有相当大的比例,是全世界银产量的主要来源之一。

含银废旧原料的种类繁多,主要有以下几类:

(1)含银废液:定影液、镀银乳剂、含银乳剂、银化合物测试液。

(2)含银废渣、废料:电镀硝酸银废料、含银催化剂、阳极泥、含银炉渣、银焊车间地脚料。

(3)含银失效试剂:氯化银、碘化银、溴化银。

(4)含银废旧器材:银焊料、银币、银首饰、银器皿、银坩埚、银触头、镀银零件、银电子产品、银电池、废胶片、废底片。

不同类型的含银废料,回收工艺有所不同,主要有以下几种。

(一)从含银废液中回收银

从含银废液回收银的方法有锌粉置换法、氯化沉淀法、活性碳吸附法和电解法等。电解法不但可回收废液的银,还可将一些废液的氰根破坏,转化为无毒物质,很好地解决了废液排放引起的环境污染问题。如果尾液中仍含有少量的 CN^-,也可在尾液中加入少量的硫酸亚铁,使之生成稳定的亚铁氰化物沉淀,这时尾液即可正常排放。

电解法的阴极为不锈钢板,阳极用石墨,通入直流电后,阴极析出银而阳极放出氧气,随着溶液中银离子的减少,槽电压升至 3～5 V,这时,阳极除氢氧根放电外,还进行脱氰过程。

阳极反应过程:

$$4OH^- - 4e = 2H_2O + O_2 \uparrow$$

$$2OH^- + CN^- - e = H_2O + CHO^-$$

$$CNO^- + 2H_2O = NH_4^+ + CO_3^{2-}$$

$$2CNO^- + 4OH^- - 6e = 2H_2O + 2CO_2 \uparrow + N_2 \uparrow$$

阴极反应过程:

$$Ag^+ + e = Ag$$

$$2H^+ + 2e = H_2 \uparrow$$

仅感光材料的生产此一项,我国年用银量就达 100 t 以上,从洗印感光胶片的废定影液中回收银就可达相当高的产量。

(二)从废旧银合金器材中回收银

工业用银铜焊条,含银量可高达60% ,一般也有20% ～40% ,一些银触点、银器皿、旧银

首饰等,含银量均比较高,对于这类银合金废料,可铸成阳极棒直接进行电解回收,得到的电解银产品纯度高达99.98%。由于废料中的铜元素含量较高,电解液中含铜迅速增加,这样会增加电解液的净化量,若采用交换树脂作电极隔膜的技术处理银 - 铜合金,除产出电解银外,还可以综合回收金属铜。

(三)从废感光胶片中回收银

这类废料主要包括感光废片、X 光片、报废的电影胶片和各种照相底片等,我国产出的电影胶片中银的含量为 $3.6 \sim 5.8 \ g/m^2$。回收感光片的主要方法有焚烧法、化学法、微生物法等。焚烧法是从焚烧胶片生成的烧灰中提取银,该方法简单、廉价,容易控制,但造成环境污染和部分银在烟尘中损失。化学法是用酸碱浸蚀破坏感光材料中的黏结剂明胶层,将感光层从片基中剥落下来,然后从该沉淀物中回收银。对于未曝光的感光废片,最好用定影液冲洗,然后从定影液中回收银。

练习题

1.简述铂族金属的概念。哪些金属常应用于首饰材料?

2.从冶金学的观点说明白金与铂金的区别。

3.叙述铂族金属的发现过程。

4.铂金制品有哪些种类? 各有什么特性? 铂金首饰的纯度一般是如何标识的?

5.贵金属的二次资源的含意是什么? 贵金属的二次资源的再生利用有什么重要意义?

第二篇　首饰绘图设计

首饰图样是珠宝首饰设计的具体表现和相关展示,即作品设计最后的呈现方式与方法,也就是设计图稿及文字等的表达形式。所有作品和内容的创作或创意,最终都需要一定的手段给予充分的表示,以有效、明确告知使用对象(如代客设计)或作品的制作者(工艺技师),让他们清晰地了解和明白设计师所设计的作品形式、结构、材料等,从而评估作品与使用对象的匹配度,或者掌握作品的制作要求,为即将问世的作品提供双方认识、表达的沟通桥梁。

首饰设计制图是设计师以透视图为基础,对有价值的信息和内容进行有的放矢的整合,对符合需要的素材及时收集处理,如文字、图案、纹样、标识、数据、色彩、材料,对即将要制作的首饰的外观形态、材质、色彩、光影乃至环境气氛等预想效果进行综合表现绘图。作为一种应用绘图,首饰制图是首饰设计师(包括其他产品设计者)最常用来传达设计信息、研究设计方案、交流创作意见的专业语言之一。无论是已经从事珠宝首饰设计多年的设计师,还是新晋的设计师,都是通过实践来开展整个创作任务,并由此进行一系列的创意、思维提升、改进等设计活动,进而向着既定的目标进发,来完成珠宝首饰设计的创作。就像音乐家用音符表达音乐、文学家用文字表达思想一样,设计绘图是沟通设计和加工的一个桥梁。首饰绘图技术是优秀设计师必备的专业能力和素质,也是体现其创造力的重要标志之一。

珠宝首饰设计表达的准备包括认识准备和行为准备两大方面。在认识准备中,有认知准备、内涵准备、思路准备;在行为准备中,有素材准备、工具准备、表达准备。一幅有表现力的效果图,不仅可以将设计者的设计构思表现得淋漓尽致,还可以反映出设计师本身的艺术修养、创意能力、设计风格和造型功力。

从珠宝首饰设计实践过程来说,作品的设计表达是极其重要的步骤,也是最终的设计结果。经过一系列的深刻思考,形成方案,通过创作,把一件作品或一项内容运用一定的方式与方法表示出来,以此为整个珠宝首饰设计目标,这是每一个设计师必须经历的。作为珠宝首饰设计的表示手段,其方法的规范、正确、清晰、有效与否,是考量一个设计师认知能力及阐述能力的重要标准之一。

随着首饰设计表达的方式与方法的多样性趋势,其表达媒介和工具也呈多样化,主要有手绘和电绘两大类。包括传统的线描法、彩绘法,也有电脑绘图法、电脑制样法、3D扫描绘图、雕版绘图等。手绘即手工绘画,通过手工绘画的方式完成某种结果的绘制过程,就是我们现在通常所讲的手绘,即在一段时间内使用传统颜料、纸笔精心手绘出来物体的形状、体积、空间、透视关系等。电脑设计是设计师通过电脑显示屏、鼠标、键盘代替画笔、画板、绘图仪器等,通过绘图软件来完成绘图,它可以帮助设计师完成一些烦琐、重复的劳动,可以提高工作效率。

对于传统的设计手绘的表达方法,常用的工具及材料包括纸(卡纸、白纸、水彩纸等)、尺(直尺、比例尺、模板尺、曲线尺等),还有笔(铅笔、毛笔、针笔、水彩笔、颜色笔等)、圆规、色卡及工具书,只要是自己熟悉和方便取用的,都可以采用。如若使用电脑表达,对其软、硬件的操作性能要熟悉。传统的首饰设计用手绘好,还是用现代的电脑工具绘图好?其实各有优势,如图Ⅱ-1、图Ⅱ-2所示。

图Ⅱ-1　手绘作品——锁春秋　　　　　　图Ⅱ-2　计算机绘图效果

取长补短,优势结合才能设计出好的作品。手绘和电脑设计之间的许多问题都是互补的,手绘在批量处理上的效率低下、完成量小的问题,在电脑设计中可以轻松化解,大大提高手绘设计者的工作效率,使之能够在有限时间内做出大量的精品。而电脑设计的劣势是缺少情感、比较呆板,手绘设计可以解决此类问题,这样电脑设计出来的作品就有了生机,多了情感,作品才会栩栩如生。

手绘需要有深厚的美术基础、艺术底蕴,而电脑设计则需要扎实的电脑基础作为支撑,所以手绘与电脑设计各有优势,但是各自的劣势也非常明显,虽然各自都能完成许多独立的工作,但是有时候会出现许多不该出现的困难,这就要求设计者要学会将两种方法结合起来,不仅需要较强的美术功底,还需要不断练习来提高自己的电脑操作水平。只有强强联合,取长补短才能大量出精品。作为设计工具,它们只是表达方式的不同,从理论上说,不会影响作品的最终质量,只是在不同的场合,它们的效果有所差异。例如,在一些珠宝首饰设计比赛中,可能电脑绘图的效果更强烈些,装饰性更佳;在生产制作时,传统的图稿可能更实用、更有效,特别是1:1比示图稿更具有指导作用。当然,有可能的话,对两种表达方式都应该掌握运用,这样可根据不同需要采用。根据不同的需要,图稿的形式也有不同,例如为生产加工服务时,绘制三视图可以清晰表达产品的细节和尺寸,根据实际需要可以简化为二视图、一视图,也可以加入立体效果图丰富成四视图、六视图;要突出产品的艺术感染力时,绘制设计效果图会起到更好的展示效果;突出首饰图样的整体效果与空间关系可以使用立体图、剖视图等。

总之,珠宝首饰设计的表示应达到规范、正确、清晰、有效。我们时常看到一些设计师,特别是新晋设计师,在图稿或文字及数据的表示上不能做到精确要求,导致使用者或制作者无法认识或了解作品的内容,造成彼此沟通、理解困难,最后形成的作品与设计师的要求不同,甚至大相径庭,这是非常遗憾的。为此,在设计实践过程中,力求将设计要求贯彻到位。

对于规范的要求,主要表现在作品形态、结构、用材、尺寸等方面,在表示时必须精准、明确。例如,在图形表现时,每个面、线、点要交代完整,不能无理由地省略或模糊;在表现作品结构时,尽量具体,必要时可以运用局部图重点描述,不能采用不明确的图形或文字处理。对于文字及数据的运用,必须精准。例如,尺寸单位须注明,贵金属和珠宝材料名称须规范。

对于正确的要求,主要表现在作品比例、图稿应用、效果表达、数据处理等方面,在表示这些内容时必须确凿、合理、清楚。例如,在表现戒指时,其比例不能与手镯相混淆,对于不同作品的比例要恰当表示;在表示作品效果时,光与影、明与暗要清楚地标示,而数据的表示更不能有偏差。

对于清晰的要求,主要表现在作品图像、细部位置、透视运用、排列设计等方面,在表示这些内容时必须完整、可视、准确。例如,在作品透视表达时,其结构不能变形,不能将弧面展现成平面、圆丝表示成方丝。

对于有效的要求,主要表现在作品结构、状态、纹理等方面,在表示这些内容时必须详尽、可控、明晰。例如,在表示作品结构时,要让制作者看得懂,可操作;描述作品状态时,在图稿不能详尽的情况下,可以采用文字及数据表示;在表示作品纹理时,可用特别的方法注明,或者类似的效果(包括实样)给予参照。

第七章　手工绘图设计技法

第一节　首饰手工绘图设计的特点

手绘通常是作者设计思想初衷的体现，通过心、眼、手的结合，瞬时抓住环境带来的灵感，及时捕捉作者内心瞬间的思想火花，可以生动、形象地记录下作者的创作灵感与激情，并使之融入到作品之中。因此，手绘的特点是能比较直接地传达作者的设计理念，作品生动、亲切，有强烈的感情融入到作品之中。手绘设计的作品有很多偶然性，这也正是手绘的魅力所在。

以前的许多艺术作品都是手绘制成的，从几千年前至今，我国国画及各种彩陶瓷器，凡是有艺术价值的，无不是艺术大师们一笔一画手绘而成的。这其中，除大师们坚实的艺术功底外，最主要的就是这些作品中融入了大师们的艺术思想，有强烈的情感在里面。像郑板桥的竹子，还有徐悲鸿的马，我们现代数以万计的人都画竹子画马，但是只有相似，没有相同，这就是手绘的魅力。因为手绘能融入作者真实的情感，这就是人人画马而各不相同，因为在里边注入的情感是不同的。

珠宝首饰设计的表示方法总体可以分为两部分：一部分是图稿，另一部分是文字及数据，除非有特别的需要(如实样)，可以另做处理。从现行的珠宝首饰设计实践过程来说，图稿的表达是主要的，文字及数据表达是辅助的，因为绝大部分珠宝首饰是以一定的造型、色彩、结构来呈现作品的主要内容，因此图形表达极为重要，形象的图形画稿既直观(如色彩)又有效(可以1:1呈现效果)，极大地方便设计师与使用对象、制作者的认识和沟通。

手绘构思草图的地位很重要，因为它能够更加迅速地捕捉灵感。在现今的首饰效果图绘制中，应该针对不同的需求进行绘制方法的选择。需要强调的是，手绘技能是设计的基础，没有良好的艺术感觉，只依赖计算机也是达不到良好效果的。

首饰效果图不仅可以表现首饰的形、色、质、体、量和结构等的外部特征，而且对首饰造型和装饰的个性、韵味和气氛可做一定的表现，使人们联想到即将要制作出来的首饰的使用状况。手绘是电脑图的审美表现基础，手绘表现图更应该引起重视。手绘表现图能比较直接地传达作者的设计理念，作品生动、亲切，有一种回归自然的情感因素。而且更能充分的体现设计者的艺术情趣、个性，设计师那闪动的思维与灵感可以随意地通过设计师的笔端记录下来，它的便捷性是电脑绘图无法取代的。手绘图不适宜表现形体复杂的、场面宏大的设计，尤其是逼真性不如电脑绘图强，且不易改动。

三视图最早的应用是在建筑和工业制图中，目的是更全面地展示设计形态，使施工人员能准确地理解设计意图，以达到设计方案和实物制作的完整统一。绘制首饰三视图是学习首饰设计必须掌握的技能之一，对于完整而准确地表达设计师的设计意图必不可少。要透彻地理解三视图以及达到应用能力要求，首饰设计师要培养自己的空间想象能力，要让图形在自己大脑中进行平面和立体的流畅转换,要熟悉三视图的绘制规则,例如实线、虚线等的具体使用场合。

手绘和设计是不同的范畴,绘画能力仅仅是珠宝设计的基础,所以学会了珠宝手绘,还要提升设计能力,了解各种材质的宝石以及制作工艺。手绘是设计师的语言,有想法又不会用图表达出来,就像一个哑巴一样。

第二节　首饰手工绘图设计常用工具

子曰:"工欲善其事,必先利其器"。珠宝设计师具备强大的手绘功底是实用的,作为设计师跟客户沟通,了解想法并快速捕捉客户诉求点,准确触动这个点是最关键的部分。对于珠宝设计手绘图,有两大要点——技法和工具,两者不分先后。在传统的写实手绘图中,工具的要求是十分标准和严格的。好的珠宝设计师对图纸及画笔的要求是极其苛刻的,比如说画什么宝石用什么牌子的笔,怎么画,选择什么牌子的纸张等,都是有很明确的要求的,否则画出来的效果不是最佳的。可见珠宝这个传统的行业对图纸的要求多么高。经常看高级珠宝的画册和手稿会发现,大牌的表现方式虽然不同,但是对同一类石头的颜色把握还是很相似的,画法也是很相似的。可见行业规范的重要性。

珠宝行业目前是没有图纸规范系统的,这导致在现代化的珠宝加工产业中会出现很多问题。首饰设计图首先是一种工艺施工图纸,如果图纸能有统一的规范,那么工艺技师拿到图纸后就不会再费神猜测这是什么宝石、材质、尺寸、比例,这里是什么结构等模糊不清的问题了。规范一点的珠宝公司(比如周大福)就有专门的工程图部门,这个部门就是负责把图纸上的东西数据化,然后分件,出详细的施工图纸,这样才能分发生产。很多大品牌的手绘图会最后做一些后期处理,比如把较深的背景抠掉替换成白色等。大品牌的这种传统手绘效果图很多是用 illustrator 勾出线图直接打印到卡纸上,再上色,保持画面干净。还有一些是 3D 效果图出来后打印出来再用硫酸纸拷贝到卡纸上,进行上色。

不过首饰要画得逼真而有艺术气息的话,所用工具是没有标准答案的。因为是能力、想法、技法对首饰的作品起主要作用,而不是工具。更何况每个设计师的绘画风格都不一样,使用和习惯的工具也不一样,还是自己喜欢就好,得心应手就行。有的人喜欢用模板,有的人不喜欢;有的人喜欢用水粉,有的人喜欢用水彩,有的人喜欢用马克笔。

一、绘图用笔

(一)铅笔
B ~2B 素描铅笔的特点是笔芯较软,修改和擦拭容易。H ~4H 铅笔的笔芯较硬,不易修改和擦拭,硬度高,适合绘小钻石部分。珠宝设计原则上大都要以原尺寸来画,因此精细的地方很多,最好使用比较硬的、尖细的铅笔。珠宝手绘图起稿勾草图一般使用 1B 或 2B 的铅笔,有的设计师也喜欢用素描铅笔来打造光影效果,这根据个人喜好购买,一般用 2B 的就可以了。完稿用粉彩等颜料上色。

(二)自动铅笔
珠宝手绘多以原尺寸来画,精细的地方较多。最好使用比较硬的、尖细的铅笔,有利于设计图细节部分的绘制。笔芯为 0.3 mm 或 0.5 mm,可以绘制细致和精确的线条,是设计时常用的工具,草稿及定稿均可以使用。0.3 mm 的自动铅笔是用来绘制设计图的,笔芯很细所以绘制细节很方便,是珠宝设计手绘的常用工具;珠宝的细节用 0.5 mm 的自动铅笔有时表现不出来。有些设计师只用最便宜的马克笔就能画出逼真度超高的珠宝手绘。

专业点的文具店里可以买到比较常用的 0.3 mm 或者 0.35 mm 的自动铅笔。购物网上也有 0.2 mm 的自动铅笔,同时要准备好配套笔芯。

(三)彩色铅笔

彩色铅笔分为粉质、油质、水溶性三种,使用后的效果也不太一样。由于上色容易、快捷,在设计图简单着色或急于观看彩色效果时,可以使用彩色铅笔。为配合画各种金属和宝石的颜色,最好备齐各种颜色的铅笔。大体而言,粉质表现出的效果具有轻柔感,油质表现出的效果具有光滑亮丽感,水溶性彩色铅笔配合水彩笔使用,对于表现轻盈飘逸感效果较好。一般绘制珠宝手绘图选用水溶性的彩色铅笔,这样在绘画过程中可以蘸取清水进行晕染,有助于增强绘画效果,在珠宝设计的日常工作中一定会用到的,因为彩色铅笔上色容易又快捷。

(四)画笔

画笔用于颜料上色,需要准备几支富有弹性、粗细不同的毛笔,可根据个人喜好选择毛笔材质。珠宝设计图的画面都比较小,使用时笔上不要蘸太多的水和颜料,多余的水及颜料可以用面巾纸吸掉。

(五)针管笔

针管笔主要用于绘制效果图时勾勒珠宝的外轮廓,有的人喜欢买樱花的针管笔,但是上色的时候太容易晕染了,有的人比较喜欢用普通的中性笔,所以根据个人喜好购买。不同型号的针管笔如图 7-1 所示,针管笔绘图效果图 7-2 所示。

图 7-1　不同型号的针管笔　　　　　　　　图 7-2　针管笔绘图效果

(六)马克笔

马克笔(见图 7-3)使用方便,作图迅速,色彩丰富,挥发性好,干燥快,适合在细腻的纸面上作画,还可以与其他画法结合使用。马克笔绘图效果如图 7-4 所示。

(七)勾线笔

勾线笔(见图 7-5)一般在最终定稿时使用,用勾线笔将所描绘的图形重新勾勒一遍(见

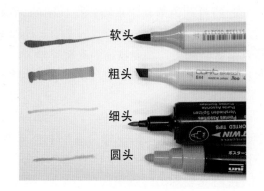

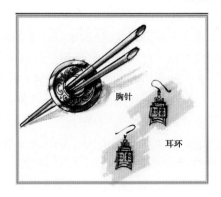

图 7-3　几种马克笔　　　　　　　　图 7-4　马克笔绘图效果

图 7-6）。然后擦去多余的铅笔部分,可以使图稿看起来更加明确清晰。最好买圆尖头的,毛的材质和品牌根据个人喜好购买。

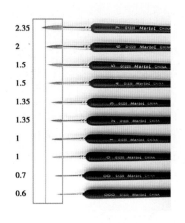

图 7-5　不同型号的勾线笔　　　　　图 7-6　勾线笔勾线

（八）橡皮

一般准备两块橡皮,一块可塑橡皮(像橡皮泥一样可以捏成各种形态),一块绘图橡皮。可塑橡皮用于画面上轻微痕迹的处理、整理细节。可以将绘图橡皮切成小方块使用,尖锐的棱角比较容易擦掉细小的部分,也能清除彩色铅笔的痕迹。还有一种橡皮笔,像自动铅笔一样,只是里面芯是橡皮,可以更精细地擦图。

二、绘图用纸

（一）素描纸

素描纸为白色不透明,一般素描绘图用纸即可运用于草图和灵感速记。有人用普通白纸就行,当然最好选质量好一点儿的,光滑一点儿的,以便精细描画时反复擦拭修改。

（二）卡纸

卡纸的颜色、质地都很多样化,主要有白色、灰色、黑色、彩色这几种颜色。一般高级珠宝都是用水粉颜料在卡纸上绘制的(见图 7-7)。卡纸有很多颜色,可以根据需求选购,黑色和灰色比较常用。牛皮纸也是比较常用的,绘制出来的效果比较复古。黑色卡纸比较吃色,在用黑色卡纸时一定要注意珠宝的用色。透明度较高、颜色较浅的珠宝不建议使用白色卡纸,避免卡纸的白色与宝石和金色的折射高光效果冲突。灰色卡纸最适合出效果图。

(三)硫酸纸

硫酸纸又叫描图纸,白色微透明,厚度薄、柔软,用于粉彩蜡笔上色、描图投影(见图7-8)、阴影视觉、拷贝图像和修改设计,一般不防水。硫酸纸以 180 g 的为佳。建议在掌握卡纸绘画技法后再尝试,因为硫酸纸吸水性差,要求对颜料的饱和度的掌握要好。

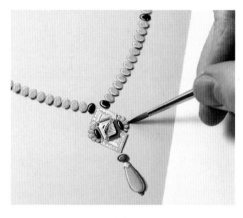
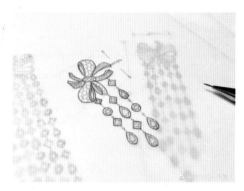

图 7-7　卡纸手绘　　　　　　　　　　图 7-8　硫酸纸首饰描图

(四)A4 纸

一般珠宝公司都是用 A4 纸,普通 80 g 的 A4 纸可以用来画草稿,120 g 以上的 A4 纸用来画正式稿,有的用专门的美术 A4 纸,比打印的 A4 纸白一些,反光没那么强。

(五)水彩纸

用水彩颜料绘图的话,建议用专门的水彩纸,用普通的纸会皱。水彩纸及颜料绘图效果如图7-9 所示。

图 7-9　水彩纸及颜料绘图效果

三、绘图颜料

珠宝设计图的着色大都使用彩色铅笔或水彩和水粉颜料。彩色铅笔使用简单,初学者大都使用彩色铅笔。而水彩或水粉颜料由于能够使作品看上去更有质感,艺术效果更加强烈,所以也被广泛运用于首饰效果图的表达。

（一）水彩颜料

水彩的特点是色泽明快、有透明感，水彩颜料较为轻薄，颜色较淡，可用于画草图，工具比较简单而技法又丰富多变，很适合绘制首饰设计效果图。如果个人对水彩把握不好的话，不建议用水彩画逼真手绘图，水彩覆盖力较差，功力不强容易把宝石画脏。

（二）水粉颜料

由于水粉颜料不透明、质地比较厚实、有很强的覆盖能力，所以能够较充分准确地表现首饰的颜色和质地，适用于在彩色卡纸上画效果图（见图 7-10），是首饰表现技法中较常用的手法。

图 7-10　水粉首饰绘图

（三）色粉

将色粉棒磨成粉后，混合爽身粉，用纸巾蘸取后涂抹，可以形成大面积的、深浅过渡自然的色块，在绘制效果图背景的情况下可以使用。

四、绘图规尺

绘图规尺是珠宝设计独有的规板，用来画一些常用宝石琢型以及常见几何形状。它是珠宝设计师必备的工具。

（一）角板尺

45°或 60°角板尺，用于垂直、水平和投影的制作。

（二）首饰设计专用模板

规板上边有一些常规尺寸的宝石形状（见图 7-11），主要有圆形、椭圆形、心形、方形、祖母绿形等，常用来画宝石或描绘金属的曲线，常规五件套透明者为佳。云形规（见图 7-12）有大有小，主要用来画出流畅曲线，因为用手画曲线有时很难画出流畅的线条，特别是较长的曲线，如大型的胸针或链坠。

（三）消字板

消字板是一张上面有各种形状镂空的小铁片，如图 7-13 所示。用来擦掉图画中的某一块儿细节。使用时将铁片放在图上，把要擦掉的部分对准镂空的位置，把需要保留的地方用铁片挡起来，实现精细擦拭。

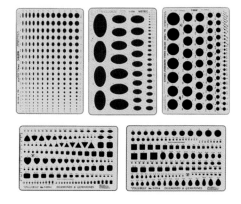

图 7-11　首饰绘图专用模板

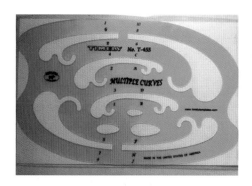

图 7-12　首饰绘图曲线尺（云形规）

图 7-13　首饰绘图消字板

第三节　不同首饰材料的表现技法

首饰用材料千变万化、多种多样。主要包括宝石类、贵金属类、非金属材料类及其他。宝石材质品种多样,质地、颜色、光泽、透明度、琢型各不相同,贵金属材质主要包括金、银、铂金,以及与铜、锌、镍等金属组成的合金,金属材质效果造型形态、肌理效果、颜色等也有许多变化,首饰材料不拘泥于宝石和贵金属,还有其他不常用材料如木头、陶瓷等。首饰绘图一般细小和精巧,首饰材料的绘画技法表现和效果也是丰富多彩的。

一、宝石的表现技法

宝石材料的表现要建立在对宝石材料性质全面把握的基础上,才能做到尽善尽美,包括宝石的颜色、透明度、亮度、火彩、质地感、特殊光学效应、琢型造型美等。宝石所拥有的美丽颜色是它最明显的特征。依据色彩的色相以及明度差别,宝石的色调从无色至黑色,多种色相的宝石又可以划分为浅色调、中等浅色调、中等色调、中等深色调、深色调等不同明度级别。按加工手法区分,宝石可以分为刻面宝石与素面宝石两大类。刻面宝石的多个切面能够在光源下折射出耀眼的光芒,而素面宝石的光泽相对柔和。另外,不同质地的宝石透明程度存在差别,这些都在色彩上有所反映。宝石与绘图效果对比如图 7-14 所示。

（一）素面宝石的表现技法

素面宝石表面光滑,没有几何形状的平抛光面,因此绘画素面宝石时,色彩与透明度是

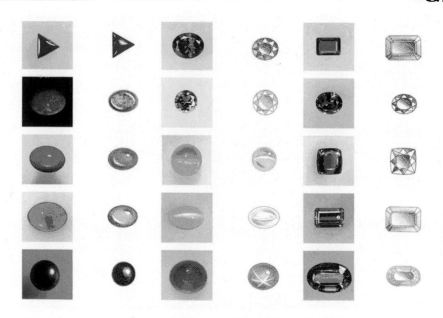

图 7-14   宝石与绘图效果对比

其表现的关键。色彩务必要轻薄,白色的底色容易晕开,最好一次画到位。需要注意明暗交界线的圆滑过渡处理,绘画熟练的绘图员也可以按照宝石本身的明暗关系,调配好系列色彩,不必晕染,直接进行绘画。一些玉石类材质也可借助此画法来完成,但切记不同的材质的光泽度存在一定差异,在绘画时要表现适度(见图 7-15)。

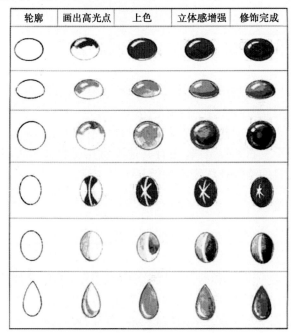

轮廓	画出高光点	上色	立体感增强	修饰完成

图 7-15   不同素面宝石的着色画法对比

素面宝石的画法有铅笔淡彩法、钢笔淡彩法、色彩淡彩法。

【示例 7-1】   如图 7-16 所示为翡翠椭圆素面宝石的表现技法。

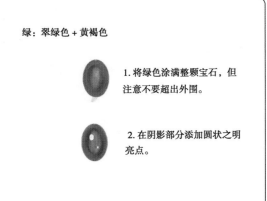

图 7-16　翡翠椭圆素面宝石的画法

【**示例 7-2**】　如图 7-17 所示为土耳其石心形素面宝石的表现技法。

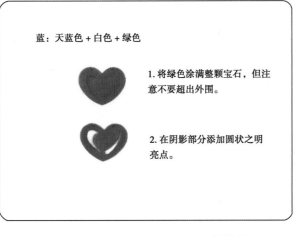

图 7-17　土耳其石心形素面宝石的绘制

【**示例 7-3**】　如图 7-18 所示为水滴形红珊瑚素面宝石的表现技法。

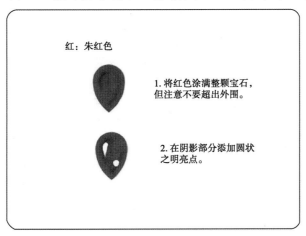

图 7-18　水滴形红珊瑚素面宝石的绘制

【示例7-4】 如图7-19所示为猫眼石猫眼效应表现技法。

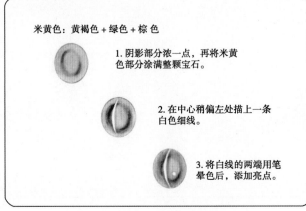

图7-19　猫眼石猫眼效应的绘制

【示例7-5】 如图7-20所示为六射星光红宝石的表现技法。

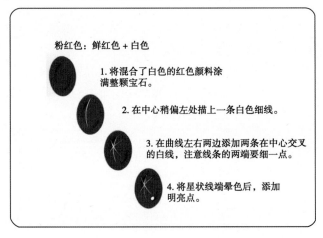

图7-20　六射星光红宝石的绘制

【示例7-6】 如图7-21所示为六射星光蓝宝石的表现技法。

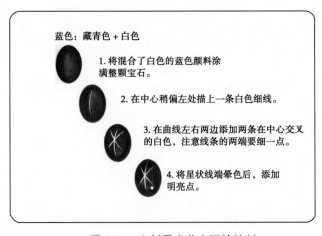

图7-21　六射星光蓝宝石的绘制

【示例 7-7】　如图 7-22、图 7-23 所示为黑蛋白石与火蛋白石的表现技法。

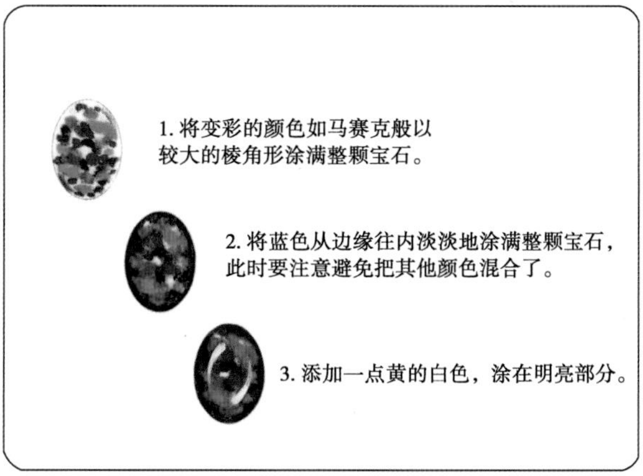

1. 将变彩的颜色如马赛克般以较大的棱角形涂满整颗宝石。

2. 将蓝色从边缘往内淡淡地涂满整颗宝石，此时要注意避免把其他颜色混合了。

3. 添加一点黄的白色，涂在明亮部分。

图 7-22　黑蛋白石的绘制

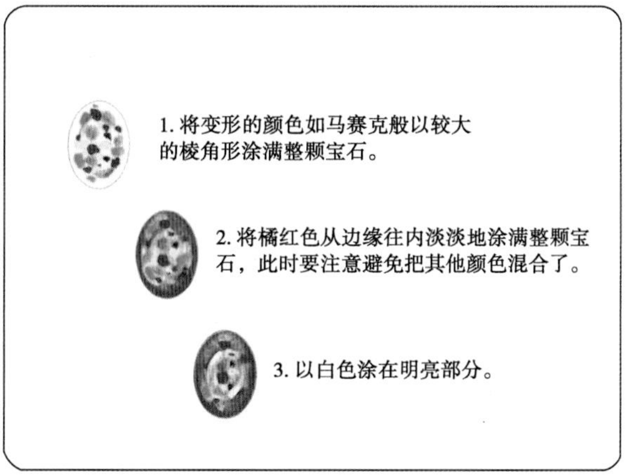

1. 将变形的颜色如马赛克般以较大的棱角形涂满整颗宝石。

2. 将橘红色从边缘往内淡淡地涂满整颗宝石，此时要注意避免把其他颜色混合了。

3. 以白色涂在明亮部分。

图 7-23　火蛋白石的绘制

　　珠型宝石的质地和颜色因矿物成分的不同千变万化，色泽可因光源、背景、色彩、观察角度的变化而显出五光十色。珠型宝石的绘画表现主要在于表现不同的材质、色彩及光泽度，可以采用彩色铅笔或是碳铅笔与水彩、水粉颜料结合的方法。例如，珍珠的色彩种类很多，有玉白、银白、粉红、奶油、黄、蓝、紫红、绿、黑等色，以银白、粉红色为最多。由于天然珍珠质的作用，珍珠表面有一种特殊的莹润珍珠光泽，因此珍珠的绘画不仅仅在于把握好色彩，表现这种特殊的光泽是体现珍珠材质的关键。

【示例 7-8】　如图 7-24、图 7-25 所示为珍珠的表现技法。

（二）刻面型宝石的表现技法

　　通常在市面上所看到的宝石，以小颗的占大多数，大颗的较少。由于珠宝设计图案是以实际大小描绘的，所以在如此小的空间里，若要将宝石的切割面全部描上去的话，宝石将被

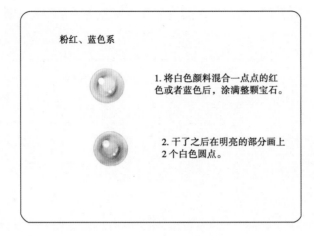

粉红、蓝色系

1. 将白色颜料混合一点点的红色或者蓝色后，涂满整颗宝石。

2. 干了之后在明亮的部分画上2个白色圆点。

图 7-24　珍珠的绘制一

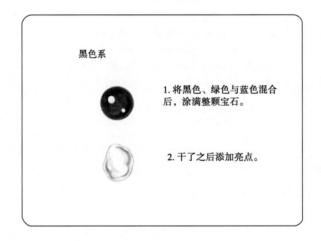

黑色系

1. 将黑色、绿色与蓝色混合后，涂满整颗宝石。

2. 干了之后添加亮点。

图 7-25　珍珠的绘制二

这些线条填满，反而无法表现出它的美。为了使宝石看起来更漂亮、逼真，这些切割面几乎都要省略掉，不一定都要画出来。

宝石的阴影可依不同宝石本身的质感去表现，透明的宝石可强调其对比，将反射光描绘进去，使宝石看起来更逼真。透明宝石中常见的切割法有圆形切割、椭圆形切割、梨形切割、马眼形切割、心形切割、方形切割、梯形切割、祖母绿形切割等。不透明的宝石大多是蛋面切割或翡翠宝石类的造型。

被切磨的宝石外形各不相同，所以首先要熟悉各种形态宝石的画法，在表示宝石的刻面时，一般用简化了的 16～18 个刻面表示。绘画时，需借助尺规、自动铅笔等画出辅助线、圆弧、交叉点等要素；待画好基本型后可给宝石着色。常用的刻面宝石画法有归纳套彩法、喷绘法、投影法。

钻石是常见的刻面宝石，钻石的表现可以用白色的颜料在黑卡纸上进行绘画，以卡纸本身的色彩来衬托钻石闪亮的光泽。另外，珠宝饰品常常以白金、铂金或是银与钻石相结合来进行设计。因此,也可以以灰卡纸作为绘画载体,在绘画时巧妙利用灰卡本身的色彩。适当留白,有时也能够起到非常好的画面效果。

白色的颜料含有粉质,表现钻石时不易涂匀。在打底色的时候,颜料可适当调配得稀一些,绘画时尽量做到一次到位。待颜料干透后再用较浓的颜料画出钻石结构。为使钻石的结构显得更为坚挺,结构最好借助鸭嘴笔来完成。

彩色刻面宝石的绘画关键在于处理好色彩的明度关系,一般宝石都具有透明感,因此色彩最忌讳画得晦暗,宝石的暗部尽量使用一些同一色系的颜料来绘画,色调的感觉会更加和谐一些。个别切面的交界处,有高亮边线,可使用白色点亮,会增加宝石的亮泽质感。

【示例7-9】　如图7-26所示为标准圆钻的表现技法。

准备白卡纸、铅笔、针管笔、直尺、模板、彩笔、颜料等。

步骤:

(1)在十字线上画出45°线。

(2)在圆形中再画一个小圆。

(3)以45°线为起点连接一字线、45°线之间的交叉点后,形成切割面。

(4)擦掉圆形内所有的辅助线。

(5)在阴影部分涂上深灰色。

(6)以干净的笔将深灰色晕开,形成透明感。

(7)将白色涂在明亮部分,并晕开使宝石台面看起来自然。

(8)将白色线细致鲜明地画在切割面的边棱上。

(9)在宝石台面中间添加尖底面效果。

(10)在切割面部分添加小点,使台面看起来有闪耀的效果。

如图7-27～图7-32所示为椭圆形红宝石、梨形蓝宝石、马眼宝石、祖母绿宝石、心形宝石、梯形宝石的表现技法,画法与标准圆钻类似,步骤略。

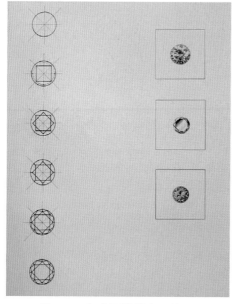

图7-26　标准圆钻的表现技法

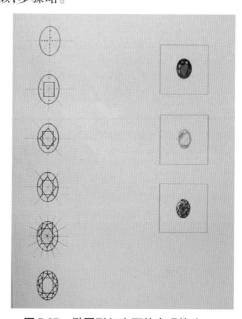

图7-27　椭圆形红宝石的表现技法

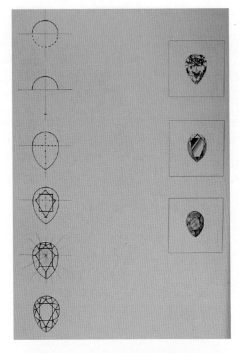

图 7-28　梨形蓝宝石的表现技法

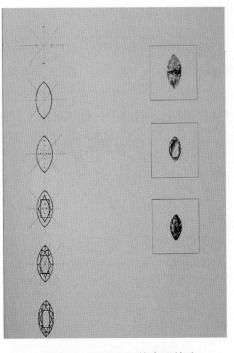

图 7-29　马眼宝石的表现技法

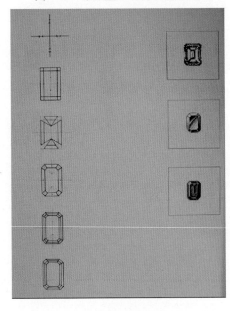

图 7-30　祖母绿宝石的表现技法

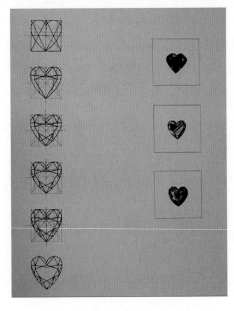

图 7-31　心形宝石的表现技法

（三）宝石镶口的表现技法

宝石的镶嵌种类包括爪镶、包镶、槽镶、钉镶、起钉镶、夹镶、闷镶等。此外,还有多种宝石或同类小粒宝石重复配石使用的密镶、群镶、微镶。镶口的画法依据镶嵌和配石工艺的不同有一定的固定画法,具体画法如图 7-33 ~ 图 7-39 所示。

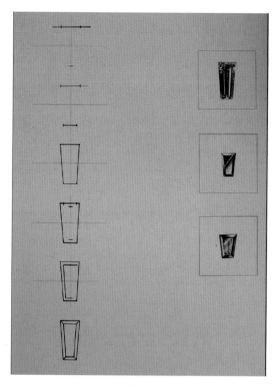

图 7-32 梯形宝石的表现技法

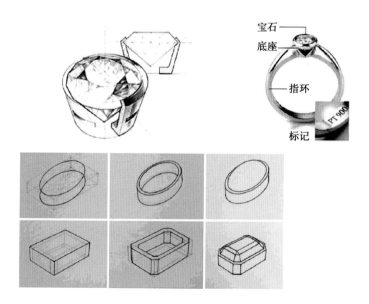

图 7-33 包镶的画法示例

采用小圆钉爪群镶多颗小钻石，只见钻石不见金，且光洁、手感好，增强钻石间火彩的相互映衬，更加耀眼闪烁，给人高贵优雅的感觉。群镶体现出的奢华感相对单颗的钻石来说，价格非常的合理。

图 7-34　钉镶（起钉镶）的画法示例

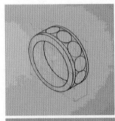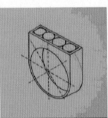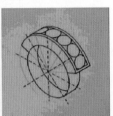

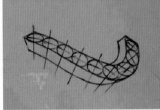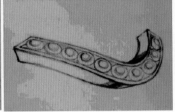

图 7-35　轨道镶（槽镶）的画法示例

1. 画出 4 mm 平行线。
2. 先画出中心部位的 4 mm 的圆。
3. 画 3 mm 左右的椭圆。
4. 画出 3 mm 小的椭圆。
5. 画刻面轮廓，以中央圆为基准，
　　左侧椭圆标在右侧，右侧标在左侧。

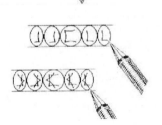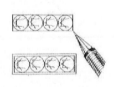

以凹槽形式镶嵌——
在轮廓外 1 mm 处画出平行线

图 7-36　圆形配钻镶嵌的画法

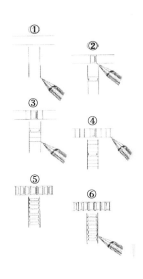

1. 大致画出 6 mm 的平行线。
2. 画出长 6 mm、宽 3 mm 中心位置长方形。
3. 在此两侧画出比 3 mm 窄的长方形宝石。
4. 与圆形宝石的刻面画法相同，左侧刻面画在右侧，右侧刻面画在左侧。
5. 画出边缘刻面线。

图 7-37 方形配钻镶嵌的画法

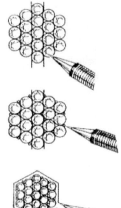
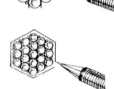

1. 在 4 mm 平行线间画出 5 个中央圆。
2. 在此两侧各画出 4 个圆。
3. 再画出 3 个圆。
4. 画出刻面。
5. 画出镶爪。
6. 最后画出六边形镶框。

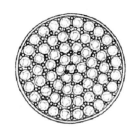

图 7-38 平面内圆形配钻镶嵌的画法

1. 画出 21 mm 的圆。
2. 在圆的中央画出 7 个直径 4 mm 的圆。
3. 在 7 个圆的间隔处，确定椭圆的位置，并画出椭圆。
4. 画出刻面形状。
5. 画出镶爪。

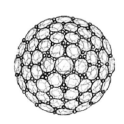
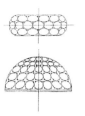

图 7-39 球面上圆形配钻镶嵌的画法

二、金属材质的表现技法

珠宝饰品常由不同的材质组合而成,不同材质对色光的反射吸收、透射能力各不相同,这决定了它们自身的色彩特性也各不相同。珠宝饰品的色彩视觉感受取决于原料材质。黄金、铂金、白金、银是珠宝首饰设计中常使用的金属,本身具有黄及白的色泽,经过特殊的合金冶炼,还能显示出偏红、偏绿等不同的色调。金属类材料在光源下有反光,在绘画时,此类金属的特点需要通过色彩的调配来表现。金属材质效果的表现主要包括两方面:金属色彩质感的表现和金属肌理质感的表现。金属质地有其固有的特点,按照明暗五大调子,其亮面和暗面明度对比较大,高光比较鲜明,给金属上色也要遵循"明暗交界线、反光、中间调子、亮部、高光"五大调子的原则。处理金属质感的效果,有时候我们也需要表现金属板材表面的肌理效果。各类材质的表现是珠宝首饰绘画的重要环节。除各类材质本身具有的色相差别外,外部光源的照射也会改变它们的外观,使珠宝饰品表面色彩在明度、纯度上表现出不同的变化,这些微妙差别,使色彩的表现更为丰富。

珠宝饰品所使用的贵金属一般有反射光,表面有光泽,因此画光泽面时,亮的部分与阴影部分要以较强的对比来表现。处理阴影时要掌握晕色的要点,能画出光泽面的感觉。另外要表现出金属的厚度,尽可能地画出与实际相近的厚度。金属有时无法只用模板等来描画,此时必须要手工绘画。手绘时,画纸可以朝着自己最适宜画的线条方向,慢慢移动,且一段一段地描画,则能描出漂亮的线条来。描影的练习方法可参考珠宝杂志上所刊登的珠宝照片描画,最好选用黑白照片来练习,因为黑白照片较易抓住其阴影的表现,也较能够记住其重点。

(一)不同基本型的贵金属表现技法

首饰金属的基本形态主要有平面金属、弯曲金属、浑圆面金属、凹面金属、凸面金属等。

【示例7-10】　如图7-40～图7-42所示为平面金属的画法。

图7-40　平面金属实体效果

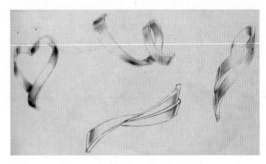

图7-41　平面金属绘图效果

【示例7-11】　如图7-43～图7-45所示为弯曲金属的画法。

【示例7-12】　如图7-46～图7-48所示为浑圆面金属的画法。

1.画一条有动感的线条。

2.沿着这条线空出间隔，以同样的轨迹画出另一条线。

3.连接最后的部分。

4.描绘出厚度。

5.将内侧看不到的部分线条擦除。

6.描影。

图7-42 平面金属的画法

图7-43 弯曲金属实体效果

图7-44 弯曲金属绘画效果

1.画一条有动感的线条。

2.沿着这条线空出间隔，以同样的轨迹画出另一条线。

3.连接最后的部分，绘出厚度。

4.将两侧画出往内侧弯曲效果。

5.将内侧看不到的部分线条擦掉。

6.描影。

图7-45 弯曲金属的画法

（二）白色系贵金属的表现技法

铂金、白金、银都是深受人们喜爱的首饰用贵金属。它们具有白色的金属光泽,用铂金、白金、银此类材料制成的饰品色泽纯净。在绘画表现时,三类金属没有明显的材质区分,而

　　　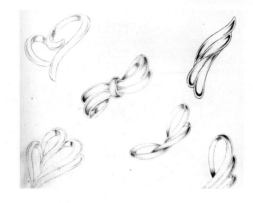

图 7-46　浑圆面金属实体效果　　　　　图 7-47　浑圆面金属绘画效果

1. 画一条有动感的线条。

2. 沿着这条线空出间隔，以同样的轨迹画出外一条线。

3. 连接最后的部分，绘出厚度。

4. 确定其厚度后，描绘出金属浑圆鼓起的线条。

5. 将内侧看不到的线条擦掉。

6. 描影。

图 7-48　浑圆面金属的画法

主要在于表现其金属质感。

　　表现技法一：以具白灰的明暗关系表现金属亮泽的质地，以黑白二色辅助以少量的普蓝色调配而成，在绘画时不需要过多地晕色，而着力于表现金属鲜明的明暗转折关系。

　　表现技法二：以炭笔素描结合颜料来表现。先用炭笔表现出饰品的明暗关系，而后在适当的部位用白色提出金属的高光以及反光。此种手法适宜于在灰卡上表现，且由于铅笔笔痕具有一定的反光，表现力度不如炭笔强烈。

　　用黑白以及普蓝调配铂金、白金、银的金属色。难度在于普蓝色的使用量。设计师在绘画前宜先试色，确定了绘画效果后再动笔，以保证绘画效果。铂金、白金、银的表现，炭笔素描结合颜料的绘法比较单纯，比依靠色彩的调配表现金属的质地要容易掌握。素描的绘画基本集中在物体的暗部，中明度的位置可借用灰卡的本色；如欲表现藏银类没有强烈光泽的白色金属，则可适当加重素面的分量，对表现质感非常优秀。白色金属的绘图效果如图 7-49 所示。

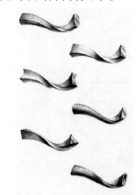

图 7-49　白色金属的绘图效果

（三）黄金的表现技法

黄金是一种贵重的金属,具有夺目的金黄色光泽,自古以来就被用来制作装饰品。我国黄金首饰的常见品种为千足金、足金、万足金、22 K 金和 18 K 金等。欧美等西方国家常见的黄金首饰品种多为 18 K 金和 9 K 金。千足金、足金饰品含金量高,色泽金黄,一直受到人们的喜爱。在我国及华人国家中,千足金、足金首饰至今仍然占有相当大的比重。随着黄金首饰加工工艺的不断改进,黄金饰品的款式、花样也越来越丰富,黄金不仅可以制成首饰,还被制成金币、金条等。黄金材质的表现关键在于体现其夺目、纯净的金属色彩。黄金绘图效果如图 7-50 所示。

图 7-50　黄金绘图效果

表现黄金的色彩可以借助色彩的调配,如藤黄、柠檬黄、白色等。也可以用金色颜料直接调制,但用金色颜料绘制的黄金色泽比较平板,画面效果不够生动。黄金首饰的材质表现关键在于色彩的纯净度,尤其暗部的色彩,调进一些偏暖的颜色可以起到不错的效果。有些初学者为了强化金属的明暗对比,喜欢在暗部使用黑色,结果反而使黄金的颜色偏于晦涩;要慎用黑色,黑色能够使其他色彩产生色调的偏移,尽量不要使用黑色与其他颜色进行调配。

（四）金属表面肌理的表现技法

金属表面肌理种类及画法如图 7-51 所示,表面肌理绘画效果如图 7-52 所示。

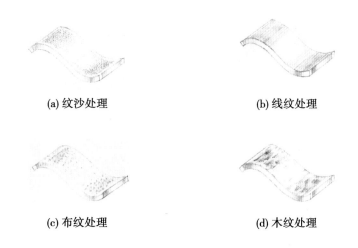

(a) 纹沙处理　　　　　　　　　　(b) 线纹处理

(c) 布纹处理　　　　　　　　　　(d) 木纹处理

图 7-51　金属表面肌理种类及画法

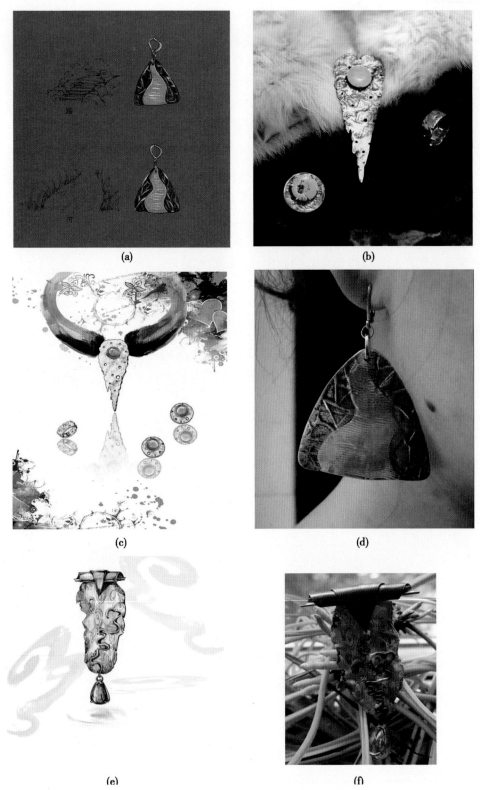

图 7-52　表面肌理绘画效果

三、首饰绘图的着色技法

首饰绘图着色是设计中很重要的一个组成部分,运用丰富的色彩来表达情感,是诠释首饰的重要手段。色彩美是人们选购珠宝的重要原因之一,与人们选购衣服的色彩相似,随着时间、空间的不断变化而变化着。首饰设计都有鲜明的主题性,所要运用的色彩语言总是围绕展示主题而进行的。因为色彩中的视觉的兴奋感主题总是能迅速表达设计的意图,还能创造出独特的气氛。

不同的色彩能使人产生不同的情绪感觉,或兴奋或沉静。通常红、橙、黄等暖色系明度高、饱和度高,对比强烈给人以兴奋感;相反,蓝、绿、紫等冷色系明度较低,对比较弱,给人一种沉静感。首饰设计师应根据由自然色彩所获得的深刻感受,按照对消费者的情感需要,将设计思想熔炼在作品中,运用不同的设计着色手法与技巧,使色彩的艺术感染力得到最佳发挥,达到理想的境界,从而更好地表现设计作品的主题思想。

在生活中,人们追求完美的色彩感受和色彩效果;在设计中,要把握色彩的功能特性,与人的心理因素适当地结合,用创造性的色彩语言来表达设计意图,通过对生活和自然色彩科学地研究,把它应用到设计之中,使我们的设计在市场中能够提高商品市场占有率,从市场中总结设计色彩的经验,再返回到我们的设计中。

首饰的着色方法主要有三种:彩色铅笔着色、水彩着色和水粉着色。

（一）彩色铅笔着色

有一般色彩铅和水溶性彩铅。彩色铅笔涂绘时,线条方向要均匀一致而有层次,涂过一次后如发觉色调太浅,可重复涂一次,省略可以不涂色的部分,或轻涂一层,再用较深的近似色勾画出明显的轮廓。彩色铅笔着色的要点是:以阴影为中心先着色,明亮处则留白不着色。整体的外形,则以削尖的彩色铅笔描其边线,在画面上再描出该强调的部分。以彩色铅笔画白色或银色系时,只要在阴影部分着一点色即可。彩色铅笔着色效果如图 7-53 所示。

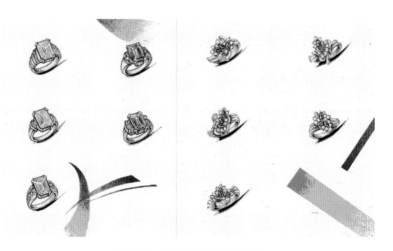

图 7-53　彩色铅笔着色效果

（二）水彩着色

水彩着色有以下五种手法:

（1）干画法。也称添加法，具体的方法是先用薄颜色画出基本调子，待第一遍色干后再画第二遍、第三遍颜色。首饰效果图使用此种方法。

（2）湿画法。先将纸张浸湿或在作画前用清水将纸张刷一遍，在纸张潮湿的时候作画，湿画法对时间的掌控比较重要，一般是在第一遍颜色稍见收水时画第二遍颜色。作水彩画时经常是干湿并用，使画面有虚有实，层次分明。

（3）渗画法。用大量水分调和色彩，在两笔相接处产生相互渗化的效果，也可以在较湿的底子上加色彩使之产生渗化的效果。这种方法适合用来表现背景或是面积较大的宝石。

（4）撒盐法。把食盐撒在画面湿的颜色上，干后将盐刷掉，因为食盐能吸取部分颜料与水分，会在画面上形成小花点，能获得服装材料的肌理感。

（5）重叠法。水彩颜料是透明色，因此色彩重叠能产生丰富的效果。如单色的重叠，即在第一遍色干透后叠上第二遍色，重叠的部分颜色较深。用此法可表现宝石或金属的各色花纹。而复色的重叠部分会产生另一种色彩，如在绿色底上叠加黄色，相叠部分则为黄绿色，往往还会带有渗化的效果。这种方法适合表现宝石上颜色的渐变。需要注意的是，重叠的次数不宜过多；否则画面容易显得脏、浊，从而失去明快感。

水彩绘画时，首先准备水彩颜料、几支勾线笔、调色盘、水皿、面纸等。每次蘸少量的颜料在调色盘上调色。着色时的技巧是不要一开始就涂得很浓，以草稿的铅笔线还能看到的程度为准，薄薄涂上一层之后再涂第二次、第三次，如此多重着色就能画出漂亮的色彩；勾线笔上所含的水粉尽量不要太多。

当调色有误、涂太多或溢出范围时，以笔蘸干净的水在那个部分稍作涂擦，马上以面纸吸干水分，干了之后再重新上色。在描图纸上着色时，以同样颜色从反面开始涂，画出其外形，对于设计的细部或较难着色的部分，能够避免破坏其外形而精确地着色。水彩着色效果如图 7-54 所示。

图 7-54　水彩着色效果

（三）水粉着色

水粉与水彩在颜料性能上是有着本质差异的。水粉颜料由于带有粉质,在湿时色彩饱和度较高,但在干后容易变灰。初学者要掌握水粉的这一特性,在调色时,不能像水彩画一样调入过多的水分,如水分过多会使画面上留下不均匀的水渍。水粉画色彩明度的高低是由加入白颜料的多少来决定的,而水彩颜色的明度则与调和水分的多少有关。水粉着色效果如图7-55所示。

（四）底色表现技法

底色可以是被表现物体的材料质感或固有色彩,也可以是明暗面的基准色。根据首饰的特点加重首饰的暗部,提出亮部。底色表现技法效果如图7-56所示。

图7-55 水粉着色效果

图7-56 底色表现技法效果

（五）综合技法

综合技法是以某种技法为主,综合其他技法进行着色效果图的绘制。综合技法效果如图7-57所示。

图7-57 综合技法效果

【示例7-13】 如图7-58所示为综合表现技法绘画步骤。

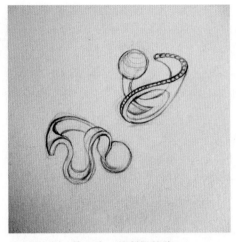

第一步，绘制铅笔稿

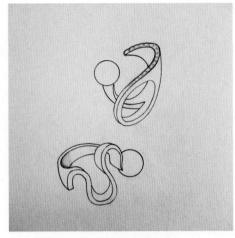

第二步，绘制黑笔稿

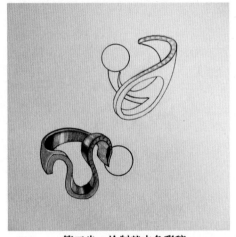

第三步，绘制基本色彩稿

第四步，绘制色彩稿

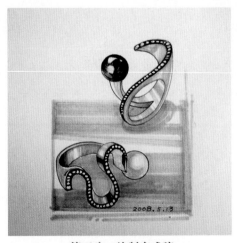

第五步，绘制完成稿

图 7-58　综合表现技法绘图步骤

第四节　首饰三视图的表现技法

　　三视图最早的应用是在建筑和工业制图中,目的是更全面真实地展示设计形态、结构、比例、尺寸,使施工人员能准确地理解设计意图,以达到设计方案和实物制作的完整统一,较焦点透视表现更为理性。绘制首饰三视图是学习首饰设计必须掌握的技能之一,大部分可以依靠专业的绘图仪规来完成,对于完整而准确地表达设计师的设计意图是必不可少的。

　　多数珠宝首饰从不同的角度观察会呈现不同的外观,因此单从某一角度进行绘制很难表现出其全貌。尤其当设计与制作相分离时,在后期制作过程中,如果没有多角度的结构分解图,制作者将很难全面理解设计师的实际意图。珠宝首饰是三维、立体的,在空间中占据一定的体积,需要从上下、左右、前后等多个不同的角度予以观察,三视图即是表现这种关系的最佳方式。

　　要透彻地理解三视图以及达到应用能力,首饰设计师首先要培养自己的空间想象能力,要让图形在自己大脑中进行平面和立体的流畅转换。以下内容将介绍三视图的绘制规则,例如实线、虚线等的具体使用场合。

一、三视图的构成

　　视图由线迹组成,包括虚线和实线。一般情况下都表示物体上的一个平面或曲面的投影。实线一般为所绘角度可见面的轮廓线、面与面之间的相交轮廓线以及转向轮廓线等;虚线一般为内部轮廓线,内部轮廓无法直观地看到,但通过透视可以看见。

　　用正投影的方法,投射线平行且垂直投影面,投射线透过物体,投影能反映物体的实型。将物体向投影面作正投影所得的图形称为视图。用正投影法在三个投影面:正面(V 面)、水平面(H 面)、侧面(W 面)上绘制出的立体投影统称为三视图(见图7-59)。

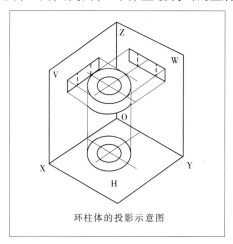

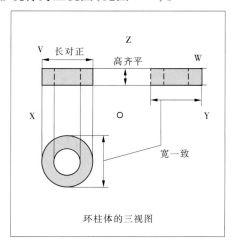

图 7-59　三视图的构成

三个投影面:

正立投影面,简称正面,代号 V。

水平投影面,简称水平面,代号 H。

侧立投影面,简称侧面,代号 W。

从物体的前面向后面投射,在 V 面所得的视图称主视图——能反映物体的前面形状。

从物体的上面向下面投射,在 H 面所得的视图称俯视图——能反映物体的上面形状。

从物体的左面向右面投射,在 W 面所得的视图称左视图——能反映物体的左面形状。

为了能在同一张图纸上画出三视图,国家标准规定:V 面不动,H 面绕 VH 轴向下旋转 90°与 V 面重合,W 面绕 OZ 轴向右旋转 90°与 V 面重合。以主视图为基准,俯视图配置在主视图的下方,左视图配置在主视图的右方。向基本投影面投射所得出的这三个基本视图在机械图中最常用,通常称三视图。画图时,投影面边框和投影轴一般不画出,各视图按基本视图配置,可不标注视图的名称,最后得出环状体三视图。在珠宝首饰设计时,为了更好地表现设计的整体面貌,有时还会加上一个底视图,最后才是效果图和实样。

二、三视图所反映的关系

从环柱体三视图可以看出,每一个视图都只能够表现两个方向的形状和大小,如主视图反映环状体的长度和高度,左视图反映它的宽度和高度,俯视图反映它的长度和宽度。

此规律不仅适用于物体的整体,还适用于物体上的每个部分甚至任何一点。如果要绘制设计作品的底视图,则与俯视图一样,反映的也是物体的长度和宽度,则也必须遵循宽一致的原则。

物体有上、下、左、右、前、后六个方向的位置关系,每个视图仅能反映四个方向的位置关系。主视图反映上、下、左、右的相对位置,俯视图反映左、右、前、后的相对位置,左视图反映上、下、前、后的相对位置。

依据正投影法画物体的视图,就是把组成物体的每个表面和轮廓线用图线画出来,可见轮廓用粗实线画,不可见轮廓用虚线画。因此,物体表面上的线、面与视图中的图线、线框有着一一对应关系,如图 7-60 所示。

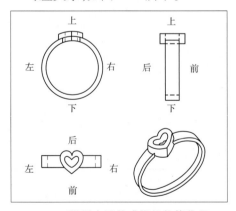

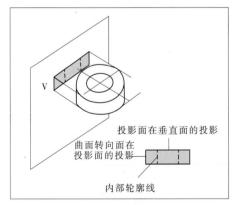

(a)三视图表示的戒指的物体位置　　　　　(b)三视图线迹对应关系

图 7-60　三视图所反映的关系

三、三视图的一般画法

目前,首饰设计三视图常用的制图方式是计算机绘图和手绘,无论哪一种方式的表现,都要遵循统一的规则和标准。

（一）构图

对于首饰来说，以最能体现首饰特色与花纹的一面作为主视图，正视图与左视图放在主视图下方。

（二）比例

比例指图样中的尺寸长度与实物实际尺寸的比例。绘制首饰三视图时，尽量选用1:1的比例，这样既便于直接估量组合体的大小，也便于画图，如图7-61所示标准圆钻三视图。

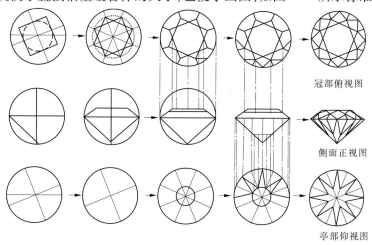

冠部俯视图
侧面正视图
亭部仰视图

图7-61　标准圆钻三视图的绘制

（三）绘画原则

按照三视图配置的关系，则可归纳出三视图的投影规律及绘画原则，"长对正、高平齐、宽一致"（见图7-62）。即：

（1）主视图和俯视图都反映物体的长度，且长对正。

（2）主视图和左视图都反映物体的高度，且高平齐。

（3）俯视图和左视图都反映物体的宽度，且宽一致。

图7-62　"长对正、高平齐、宽一致"三视图

（四）线的应用

绘制图样时，应采用规定的图线。

粗实线：表示可见轮廓线和可见过渡线。

细实线：表示尺寸线及尺寸界限、剖面线、重合剖面的轮廓线、引出线、分界线及范围线、弯折线、辅助线（见图7-63）、不连续的同一表面的连线、成规律分布的相同要素的连线。

虚线：表示不可见轮廓线、不可见过渡线。

细点划线：表示轴线、对称中心线、轨迹线、节圆及节线。

粗点划线：表示有特殊要求的线或表面的表示线。

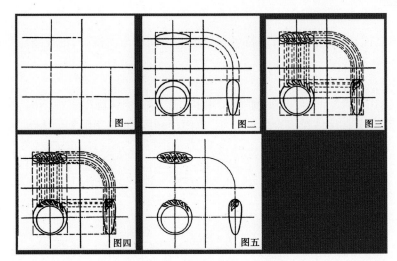

图 7-63　三视图中辅助线的应用

（五）标注说明

1. 尺寸线标注

尺寸线与轮廓线相距 5 ~ 10 mm，尺寸界线超出尺寸线 2 ~ 3 mm。尺寸界线终端采用箭头或斜线形式（一般采用箭头），在同一张视图中，除圆、圆弧、角度外，应采用同一种尺寸线终端形式。

2. 尺寸数字标注

尺寸包括首饰的长度、宽度、厚度、高度，戒圈的腰肩的高度和镶口的高度，首饰部件的角度和内圈的手寸，宝石粒径等。尺寸数字应写在尺寸线的上方，或尺寸线的中断处，不能被任何图线断开、通过。

3. 文字及数据说明

文字及数据说明主要包括使用宝石、金属及其他材质的文字及数据说明，一般文字及数据说明由两部分组成，一部分是讲述作品的设计理念、含意，另一部分是讲述作品的技术要求、操作方式。按说明类别的不同，也可分为创意说明、材料说明、工艺说明、成本说明四大类。说明是作品图形之外的阐述和描述表示，它对设计作品的图形状态、状况做出相关解释，比如尺寸、结构、比例、工艺、质量、宝石等级，还包括设计意图主题的说明，表明作品的创作理念及详细技术要求，帮助使用者或制作者认识、领会作品的内涵、用法、操作等内容，供他们正确认识、评价、作业之用。说明多见于绘图不是十分规范和精细的初级设计图稿或绘图不能详尽的细稿，便于工艺师制作。通过说明，将设计师的作品及创作意图完整地呈现出来。从珠宝首饰设计实践的过程来看，文字和数据说明不及图稿形象、直观，但对于完整的作品表示而言，特别在精确度、清晰度方面，无疑有着重要的补充和完善作用（见图 7-64）。

（六）单位

一般以毫米为单位，若采用其他单位，则必须注明，所标注尺寸为最后完工尺寸。成品的真实大小应该以图样上所注的尺寸数值为依据，与图形的大小及绘图的准确程度无关。

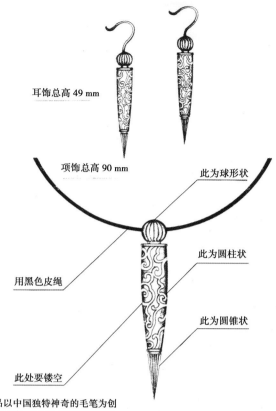

耳饰总高 49 mm

项饰总高 90 mm

此为球形状

用黑色皮绳

此为圆柱状

此为圆锥状

此处要镂空

作品以中国独特神奇的毛笔为创为创作灵感，选用优秀的现代首饰工艺，将瑰丽无限的黄金镂刻成玲珑秀逸的时尚首饰。它传承了中国大唐盛世的华丽风韵，也彰显出中国经典文化的永恒魅力。

设计名：唐装笔项饰耳饰套装
设计师：叶金毅
奖　项："中国金都杯"第四届全国黄金（珠宝）首饰设计大赛三等奖

图 7-64　标注说明

第五节　其他视图形式的表达

出于使用目的及需求的不同，首饰款式的表达图形形式还有很多。在整个首饰设计过程中，从资料收集→方案构思→方案评价→方案具体化→方案再评价→方案完善这样一个多次往返、循序渐进的进程。每一个阶段都需要解决不同的问题。由于思考的重点不同，表达的目的和内容不同而有不同的表现形式和要求，还因使用的工具和材料的不同，表现手法也会各异。

一、草图

草图是设计师在设计构思阶段抓住首饰产品的形象、创意、特征，以快捷、简练的手法绘制的徒手画稿，是首饰设计师表达意图、思考问题、收集资料的辅助工具，是衡量首饰设计师构思、创意能力的重要标志。在设计过程中，方案草图起着重要的作用，它不仅可在很短的时间里将设计师思想中闪现的每一个灵感快速、准确地用可视的形象表达出来，而且通过设计草图可以对现有的构思进行分析,从而产生新的创意,直到取得满意的概念乃至设计的完成。

　　草图分为记录性设计草图、思考性草图、设计草图三种基本类型。通常快速、准确地表达出透视图、平面图、剖视图、细部结构图等图形形式。初学者可以临摹优秀的中外首饰设计草图,尝试在普通白卡、硫酸纸、牛皮卡和色纸上分别用钢笔、彩色铅笔、马克笔、水彩等作不同表现临摹,学习表现技法。一些复杂首饰草图的绘制,可以使用一些参考线(辅助线),利用九宫格原理,学会利用这些辅助线条,草图绘画就不会歪歪扭扭了。首饰设计是比较严格的,绘制的时候可以利用各类绘画工具来完成作品。

　　首饰草图如图 6-65 所示。

二、效果图

　　效果图是表示作品最常用的方法之一,它将珠宝首饰作品最直接、最有效、最形象地绘于纸上。

　　效果图表现是将抽象的概念及复杂的语言视觉化,是一种创造性的活动。首饰设计创意效果图是设计师表达设计构思、从主观意向到视觉形态的必然过程。设计师通过首饰设计满足人们的物质和精神需求,这个过程从最初的创意开始,逐步进入创造形态的具象化过程,借助于特定的图形手段,把概念中首饰的结构、形态、材质、色彩等因素在视觉化的过程中不断发展、完善并传达出来,这种手段就是首饰创意效果图的表现(见图 7-66)。

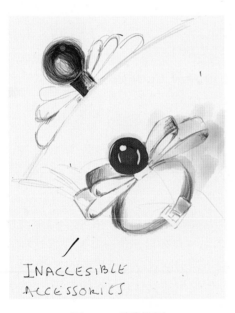

图 7-65　首饰草图

图 7-66　首饰创意效果图

　　首饰创意效果图的技法实质就是在二度空间的平面上,表现出三度空间的立体物质所具有的各种造型要素的视觉特征,也就是将抽象的概念及复杂的语言视觉化。它是以快速的方式将设计创意的形体特征、色彩特征、材质特征、物象空间关系、透视关系、光影效果高度概括的艺术性的表达,以此传递设计信息,沟通设计思想。熟练的设计表现技法能促进形象思维的积极运转,开拓想象空间,对设计的深度、广度完善起着非常重要的作用。

设计师将内心中的意象加以具体化,并有必要将一切资料传达给第三者且求得其理解。这种传达的方式有立即制作三度空间的立体模型或者画三面图给他看。最简单的方式是画图给他看,要传达给第三者的设计效果图,其形体、构造、材料、色彩等,都必须是任何人都能充分理解的才行。不管你的设计是多么地好,如果你的表现技术差,形体会变形、看不出立体感,变成完成度低的展示图,就很难获得第三者的理解。当然,那个设计师和设计图的评价也会降低。同时,一个企业或设计事务所都有他们一贯的系统设计过程,花在设计表现的时间自然地受到了限制,设计师必须一边和时间战斗一边进行效果图表现。

因此,设计师必须学会在短时间内能画出任何人都能了解到物体的形态、构成、材料和色彩的设计表现图技巧,同时要求设计师能运用透视的一般法则规律,融合绘画的知识,使用工业的技巧,掌握材料的特性,把设计构思准确、清晰、简练、快速地在二维空间的纸上,描绘出具有三维空间的立体形态,这是一项非常重要的技巧,也是设计师必须具备的基本技巧。首饰创意效果图表达技巧的进步,并不是求取理论和知识的增加,而是多画,这才是进步的捷径。刚开始时,可以大量、反复地临摹一些优秀的作品,达到熟能生巧,进而慢慢形成自己的风格。效果图体现的特点如下:

(1)创新性。设计是把想象变为现实的创造过程,不是对现有产品的模仿和重复,设计者只有通过不断的学习和积累,灵活地运用多方面的知识与技能,才能表现出独特的设计形式,使设计不仅满足某种功能,而且逐步起到对消费者的引导作用。

(2)研究性。在首饰方案设计中,除必要的技术资料外,效果图的作用也非常重要,它关系到一种技术能否被完美地运用到首饰的设计和开发上,可以帮助技术人员、决策者、商业经销部门了解新产品的实际可能性和可行性,并通过分析研究,对方案设计做出具体的、科学的论证和评价。

(3)传真性。效果图是对未来产品设计的具体表达,是其他手段难以替代的,它不仅可以有效地表达首饰的形态、色彩、质感等要素,还可以增加观者对首饰的信赖感和功能了解。有助于营销人员乃至领导进行决策,从视觉上沟通了设计者与消费者之间的联系,起到了一定的广告宣传和促销作用。

(4)快捷性。效果图较之其他平面或立体表现方式,无论从工具使用还是技法掌握,都更为简便、迅速,易于操作,减少人员或资金方面的投入,特别是在设计初期,根据不同的内容选择相应的表现技法,可在较短的时间里获得更多的方案。学习和掌握表现方法,更重要的是为了捕捉所设计对象的美感,提高立体造形能力和审美能力。

(5)启发性。学习使用表现技法,不仅能将设计构思表现出来,而且通过对大脑想象的不确定图形的不断展开,帮助设计师培养对形态的敏锐感受,并启迪设计师的创造思维和想象能力。

随着创意逐渐深入,在众多的方案中通过比较、筛选,产生最佳的几个方案。为了进行更深层次的表述,需要将最初概念性的构思再展开、深入。这样,较成熟的首饰设计图形便逐渐产生出来。而此时的效果图绘制应表现得较为清晰、严谨,可选择水彩色的画法(钢笔淡彩画法)、彩色铅画法、马克笔画法、水粉画法、底色画法(高光画法)、综合画法等来表现。

设计师将作品色彩、形态、结构、材料的设计表达在图稿上,为使用对象或制作者了解、评估作品提供清晰的内容判断。就效果图的形式而言,有手绘和电脑绘图两种方式。其中,手绘效果图有彩色图与黑白图之分。彩色图中又分水彩效果图和水粉效果图;黑白图中又

分素描效果图、线描效果图,以及在黑白图的基础上加些许色彩的效果图。

水彩效果图的绘制方法:先用黑色钢笔画出首饰的结构图、形态、轮廓等,再以透明水色或水彩颜料来塑造质感、体积感、层次感等。

水粉效果图的绘制方法:水粉有很好的覆盖性,色泽鲜艳浑厚,表现物体造型较为精致而准确。但是由于颜料的特性,画面干透较慢,表现速度较慢。用水粉笔、纸及其技法完成。

素描或线描效果图的绘制方法:采用铅笔、特制针笔与纸,并用素描及线描技法完成。

彩色色彩效果明显,材料区别清楚,艺术感较强;线描细节明显,尺寸精准,相对于制作者而言制作掌控性好。

随着电脑软件的进步,近些年,不少珠宝首饰设计师都采用电脑绘制作品设计的效果图。我们认为,如果具有较好的驾驭能力,这类效果图还是不错的,它比手工绘制的效果图更具真实感和形象感,特别是它的色彩、比例、质感更接近真实的作品。只是,在一些结构连接上,或者时间上要比手绘效果图费时间、费工夫,而且表现效果会受操作技术的影响,有时为了解决这种技术性反而失去了对作品本身设计的表现。

三、剖视图

剖视图是表示作品某些结构内部解析的方法之一,它的作用是对一些特别部件与结构进行说明和表示,使制作者在三视图不能覆盖的情况下,能有效了解其内部的构建(见图7-67)。例如,材料的不同厚薄布置、连接件的特殊设置等,作业时能清楚地了解它们的设计要求,在施工时就能准确地达到设计的效果。

四、局部图

局部图是表示作品某些特殊空间结构或构成的方法之一,它的作用是在三视图不能清晰、有效地表达那些空间的结构或构成时,特别加以说明和表达(见图7-68)。例如,某个向内凹陷结构的表面纹样效果、某些组合部件的相互连接等,通过局部图来表示这些结构或构成的设计要求,在作业时正确理解它们的实际状况,在施工时达到预期效果。

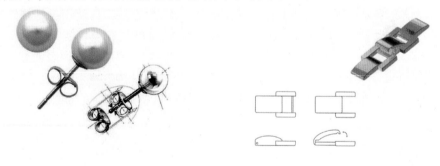

图 7-67　珍珠耳饰的剖视图　　　　　　图 7-68　链扣局部图

五、施工图

施工图是表示作品操作要求的方法之一,它的主要作用是为一些大型珠宝首饰作品提供排列、安装及作业的说明和表达,使制作者能准确、有效地按照作品设计要求进行施工。由于大型珠宝首饰作品多为数个或十数个部件组成,每个部件的空间排列、安装在其他图稿中很难准确表现,而且这些作品在组装时经常需要根据效果进行调整,往往不能一次到位。运用施工图可以确认不同空间的位置,即使调整,也颇为方便,不必对每个部件做重复描述,只需对空间位置进行描述,能有效地提高制作工效和质量。

第六节　首饰分类表现技法

一、戒指的表现技法

戒指结构主要由戒面、戒肩、戒圈、指圈、通花等几大部分组成,如图7-69所示。戒面是指露在指背上的主观赏面,是整个戒指的主题。戒肩是连接戒面与戒圈的部位,其图案与造型的变化都是为了陪衬戒面主题。戒圈是指连接在戒面上的金属圈,戒圈有闭口式(亦称死圈、死扣脚)和开口式(亦称活圈、活扣脚)两种类型。闭口式戒指多是镶嵌类戒指,开口式戒指多是素戒。指圈是指戒圈的内圈,是穿戴在手指上的结构。

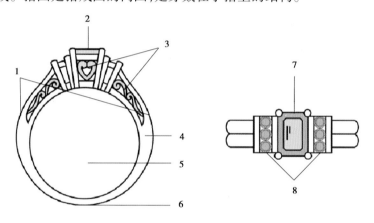

1—戒肩;2—戒面;3—通花;4—戒圈;5—指圈;6—围底;
7—戒面为主石镶嵌区域;8—两侧戒肩主要为配石镶嵌区域

图7-69　戒指的结构

通常在戒指首饰设计制图中,戒面往往是主视面,放在图的左上方,戒圈为俯视图,放在三视图的左下方,右下方为侧视图,这是首饰设计图制图行业常见的戒指三视图的画法。戒指的基本结构为圆环形,在绘画时要注意透视关系的变化。综合透视因素,戒指的设计图还有一种以45°为标准的立体表现技法。戒指设计施工图一般根据表达的必要程度在三视图的基础上增减视图的数量,少的顶视图、二视图,多的四视图、六视图,如图7-70所示。

在设计时确定指圈的大小尺寸是非常重要的,相同花形的戒指如指圈大小不同,戒面上的花形也会发生相应的变化。戒指的大小尺寸被称为手寸。手寸通常以号来表示,最小为5号,最大为35号。我国普通人的手寸范围多在8~35号。手寸的号与指圈的直径有着对应关系。目前,我国多采用港圈标准,港圈的号与指圈直径的换算公式为 $D = 0.353(N-1) + 12.3$ mm(D 为指圈直径,N 为指圈的号)。戒指的款式千姿百态,品种繁多。戒指主要从以下几个方面分类:

从佩戴者性别分:有男款戒和女款戒。

从造型分:有对称式和不对称式。

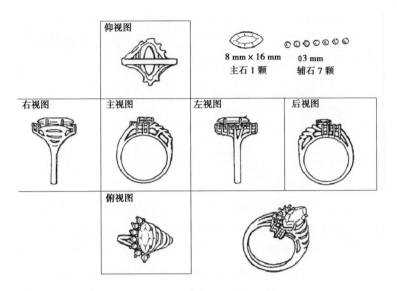

图 7-70   不对称造型戒指的六视图

从材料分:有无宝戒(又称素戒)、镶宝戒和素身宝石戒。

从风格分:有古典戒和现代戒等。

(一)戒指顶视图的绘制

【示例 7-14】   如图 7-71 所示为一款女戒的顶视图画法步骤:

第一步,画出十字坐标。

第二步,确定宝石位置。

第三步,框出造型范围。

第四步,造型,画出肩部花型。

第五步,将宝石的刻面画出。

第六步,擦去辅助线,并画出宝石阴影和金属光泽,可适当着彩。

因为体积比较小,所以戒指的绘画细节表现显得尤其重要。一些初学者在绘画时常常忽略了戒圈的厚度与透视变化转折关系,画面效果会大打折扣。若是宝石戒指,应注意主石与配石的主次关系,主石一般都需按透视关系清晰描绘出结构,但一些作为陪衬的碎宝石,可适当使用虚化的手法,结构不必一一清晰画出。

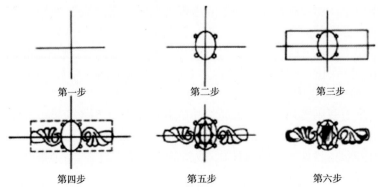

图 7-71   一款女戒的顶视图画法

（二）戒指立体图的绘制

【示例7-15】　如图7-72所示为45°镶宝戒透视立体图画法步骤。

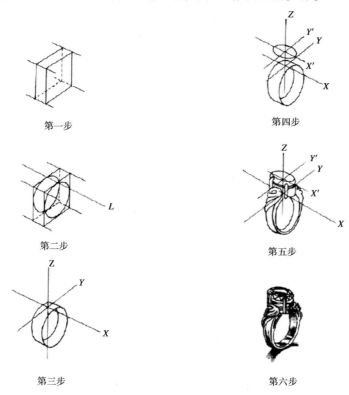

第一步

第四步

第二步

第五步

第三步

第六步

图7-72　45°镶宝戒透视立体图画法

第一步,画一正面为正方形的长方块。

第二步,切出最大圆环,切线 L 为中轴。

第三步,以 L 为 X 轴,以正方形所在面为 Y 轴,在圆切线 L 的中点画垂线为 Z 轴,建立 XYZ 三维坐标系统。

第四步,沿着 Z 轴向上选适当长度建立 $X'Y'Z$ 坐标系,并在 $X'Y'$ 平面上画出宝石最大椭圆面。

第五步,在平面 $X'Y'$ 和 XY 之间确定镶石形状及肩部花式造型,注意相对高度和透视关系。

第六步,擦去辅助线,画出宝石及金属光泽,可使用适当的颜料着色。

戒指的透视关系变化如图7-73所示。

（三）戒指绘图欣赏

戒指设计施工图纸为了交代清楚戒指的造型结构、尺寸比例、整体效果、透视关系等要素,在三视图(见图7-74、图7-75)的基础上可以增加立体效果图,变成四视图,如图7-76、图7-77所示。

戒指在能够交代清楚结构和造型的基础上,可以使用二视图,多见于对称性强的戒指,如图7-78所示。

戒指设计绘图欣赏见图7-79。

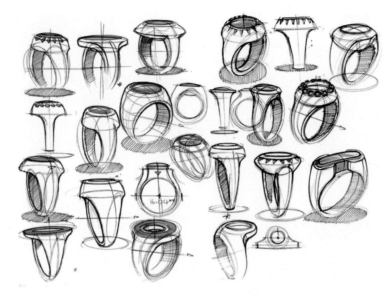

图 7-73　戒指的透视关系变化

图 7-74　戒指三视图(一)

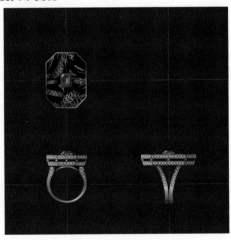

图 7-75　戒指三视图(二)

二、耳饰的表现技法

(一)耳饰分类与结构

简单地说,耳饰就是耳朵的饰品,男性和女性均可佩戴,多为金属、宝石制,主要包括耳坠、耳环、耳钉、耳钳等。

(1)耳坠。是耳饰的一种,指带有下垂饰物的耳饰。主要结构分为两部分:一是耳钉或耳钩,耳垂前边是耳钉造型,与耳朵主体固定在一起,下面是耳坠主体部分,可以以活动链接方式与耳钉相连。

(2)耳环。整体呈环状,耳垂上佩戴。耳环透过一个在耳珠内的穿洞来勾住耳朵(除夹式耳环外),其他选择包括耳骨、耳门、耳内侧等。"穿耳"通常指穿耳珠,其他部分会特别指明。在设计上通常比耳钉大一些,宝石要尽量裸露在外面。

耳环有插圈和轧圈两种。前者只适合于耳垂上已有穿孔者佩戴,插圈从耳孔中直插过去,

图 7-76　戒指四视图（一）

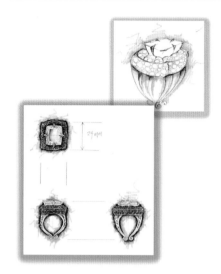

图 7-77　戒指四视图（二）

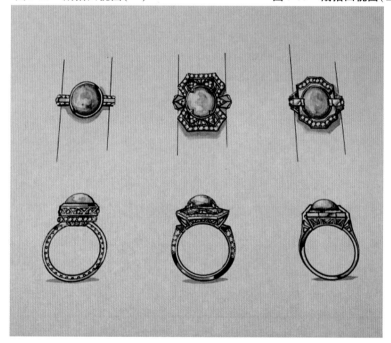

图 7-78　戒指二视图

可将饰物牢固地固定在耳垂上。后者主要采用耳钳夹紧固定在耳垂上，其优点是便于脱卸。

　　耳环样式变化多端，有带坠儿、方形、三角形、菱形、圆形、椭圆形、双股扭条圈、大圈套小圈等多种样式，颜色也多种多样，加上金、银、珠宝各种材料搭配相宜，使耳饰品更加争奇斗艳。

　　（3）耳钉。耳钉是耳朵上的一种饰物，比耳环小，形如钉状，在款式主体的背后，焊接一根与主平面垂直的钉。一般需穿过耳洞才能佩戴，耳钉造型千变万化，耳垂后边是耳背（也有称之为耳堵或堵头），起固定耳钉的作用。耳背经常要取下和安上，不太牢固容易损坏，设计耳钉时不宜过大或过重。通常有银质、金质、塑料材质等类型。

　　（4）耳钳。是在主体背后焊接一个夹子或螺钉，靠夹子的弹力或螺钉的压力固定在耳

图 7-79　戒指设计绘图欣赏

朵上。由于这类耳饰佩戴不用穿耳孔,所以特别受那些既不想在耳朵上打孔,又有耳饰佩戴需求的消费者的青睐。

　　以上这些耳饰的种类和结构造型特点在绘画设计之前必须具备基本认知,才能使得耳饰的设计更加符合人体工程学的要求、审美的要求和首饰工艺的要求。

　　耳饰的色彩表现一般只需画出正视图即可,简略地描绘出耳朵的外形作为陪衬是常用的手法。对称的耳饰可借助硫酸纸拷贝完成,但如能从不同角度描绘两边耳饰,画面的效果会更活泼一些。

　　(二)耳饰画法

【示例 7-16】　如图 7-80 所示为一款耳坠的彩色铅笔着色过程。

　　第一步,铅笔打形,擦浅铅笔稿,取一只黄色的彩铅再勾一遍。

　　第二步,取黑色彩铅画出金属的转折,留出高光,金属材质的东西转折的边缘是可以精确的。

　　第三步,取中黄的彩铅,画出耳坠金属部分的固有色。

　　第四步,取橙色的彩铅,涂暖色部分,深棕色过渡深色部分。

　　第五步,金属珠亮部用柠檬黄,珠子下的裙边暗部用黄棕色,再使用绿色涂过渡一下。

　　第六步,红色珠子先用中黄色打底,留出亮部。橙色边缘开始涂,注意深浅变化。反光部分是黄色的,注意留出。朱红色再叠加一遍颜色,高光部分带一点,一些反光的亮部用浅灰色稍微叠加一次。黄色的珠子,用橙色打底浅涂,土黄涂暗部留出高光,柠檬黄过渡所有颜色,用力涂。用橙色削尖笔在边缘塑造一下珠子。

第一步　　　　　　　　第二步　　　　　　　　第三步

第四步　　　　　　　　第五步　　　　　　　　第六步

第七步

图 7-80　耳饰画法

第七步,用宝蓝色铅笔平涂蓝色的珠托,用青色铅笔平涂,再用湖蓝色削尖铅笔加深一下颜色。用深棕色铅笔画珠托的暗部,黄珠的底部的扣,再用橙色削尖铅笔过渡一下扣的边缘,完成。

(三)耳饰设计效果图欣赏

耳饰设计效果图如图 7-81 ~ 图 7-86 所示。

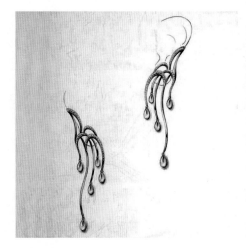

图 7-81　耳饰设计效果图一

图 7-82　耳饰设计效果图二

图 7-83　耳饰设计效果图三

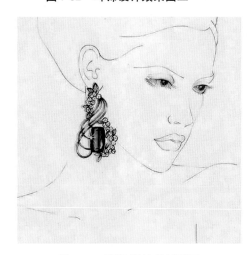

图 7-84　耳饰设计效果图四

三、胸项饰的表现技法

胸项饰品的种类和花样有很多,主要包括项链、挂件、吊坠、胸针等。不同的品类有着不同的结构和作用,设计绘图时,要充分了解胸项饰的结构、材质、工艺等方面的特点。

(一)项链

项链是人体的装饰品之一,是最早出现的首饰。项链除具有装饰功能外,有些项链还具有特殊作用,如天主教徒的十字架链和佛教徒的念珠。

图 7-85　耳饰设计效果图五

图 7-86　耳饰设计效果图六

从古至今人们为了美化人体本身,也美化环境,制造了各种不同风格、不同特点、不同式样的项链,满足了不同肤色、不同民族、不同审美观的人的审美需要。就材料而论,首饰市场上的项链有黄金、白银、珠宝等几种。

黄金项链的成色有赤金、18K、14K 等;白银的成色有 92.5% 含银量和银质镀金两种;用作项链的珠宝有钻石、红宝石、蓝宝石、绿宝石、翡翠、天然珍珠等高级材料,也有玛瑙、珊瑚玉、象牙、养殖珍珠等中、低级材料。珠宝项链比金银项链的装饰效果更强烈,色彩变化也更丰富,尤其受中青年喜爱。

时装项链大都采用非常普遍的材料制成。如包金项链、塑料、皮革、玻璃、丝绳、木头、低熔合金等制成的项链,主要是为了配时装,强调新、奇、美和普及。

项链的种类有无宝链、花式链等。无宝链是纯粹的贵金属材料制作的项链,其特点是整条链一般仅由一种花纹式样重复连接而成。主要款式有马鞭链、单套链、双套链、S 形链、串绳链、牛仔链、方丝链、机制链等。花式链是由两种以上不同式样的链条或花片拼接而成的项链,一般都镶嵌有宝石。主要款式有镶钻链、镶宝链、蛋形花边链、福寿链、圆管链、镶珠链、子母链、三套花式链等。

项链的长度一般在 40 cm 左右。项链的制作工艺比较特别,除了失蜡浇铸、纯手工制作等方法,现在可以批量生产较为美观的机制链,甚至可以采用串珠手法生产复杂的项链。设计师必须了解这些工艺特点。珍珠项链结构如图 7-87 所示,项链设计款式如图 7-88 所示。

(二)挂件吊坠

挂件吊坠是最基本的首饰品类之一,可作为项链的组成部分,是配合项链或挂绳下垂,由金银、珠宝、象牙、玉、翡翠等相配不同珠宝材料制作,对项链胸前部分起装饰美观作用的饰品,通常含有挂孔或挂扣,挂扣有明扣和暗扣之分。明扣常用"瓜子耳"链接,结构相对简单,吊坠与项链的连接处简单,容易控制用金量;暗扣相对较为复杂,但款式显得豪华一些(见图 7-89)。此外,还有多层吊坠,款式较为复杂,但豪华典雅,具有皇家气派。

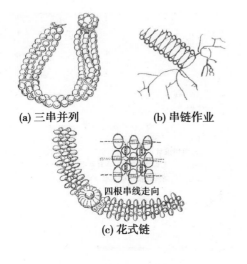

(a) 三串并列　　(b) 串链作业

四根串线走向

(c) 花式链

图 7-87　珍珠项链结构　　　　　　　　　　图 7-88　项链设计款式

无"瓜子耳"的吊坠
特点：这是坠款式较复杂，但也相对豪华一些。

图 7-89　吊坠暗扣

【示例 7-17】　如图 7-90 所示为一款海蓝宝石吊坠的绘画步骤。

第一步，在灰卡纸上绘制出草图，绘铅笔稿，并刻画出枕形主石刻面线。

第二步，以左上方 45°位置为光源，画出主石颜色和明暗部分。

第三步，给瓜子扣上色，从暗到亮逐渐过渡，并加强颜色对比，以体现金属的光泽感。

第四步，整体造型上色。小配钻可以不用画出复杂刻面，只要简单地表现出钻石的质感即可。给主石包边上色的时候要注意打光的位置，明暗的过渡要柔和，不要生硬。

第五步，继续进行整体上色。

第六步，整体左上方为亮部，右下方为暗部，注意颜色均匀过渡，吊坠上还有一圈滚珠边，画时要注意明暗变化。

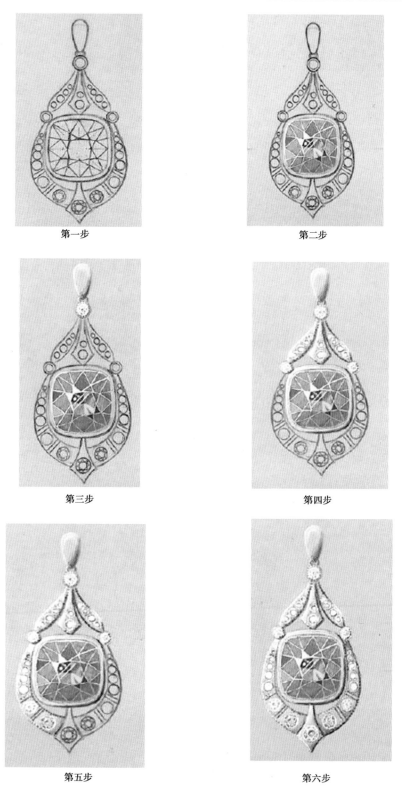

第一步

第二步

第三步

第四步

第五步

第六步

图 7-90 吊坠的绘画步骤

（三）胸饰

胸饰主要指胸针，又称胸花，是一种使用搭钩别在衣服上的珠宝，也可认为是装饰性的别针。一般为金属质地，上嵌宝石、珐琅等。可以用作纯粹装饰或兼有固定衣服（例如长袍、披风、围巾等）的功能。胸饰是设计空间最大的首饰品类之一，其结构类型及大小都没有太大的限制，只要能将首饰用一根别针稳固地固定在胸前即可。

【示例 7-18】　如图 7-91 所示为蝴蝶胸针尺寸规格，图 7-92 ～ 图 7-103 所示为蝴蝶胸针的绘制过程。

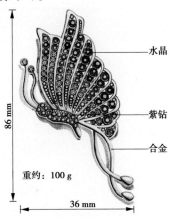

图 7-91　蝴蝶胸针尺寸规格

本款蝴蝶胸针设计主要采用紫色水晶、紫色钻石、合金等材质，整体造型选择轻盈的蝴蝶元素，在翅膀、眼睛、腹部等处都采用大小不一、独立切面的宝石装饰，搭配细腻光滑、不易褪色的合金。采用手工镶嵌工艺，质量牢固，整体设计甜美可爱、璀璨闪耀，给人华丽、夺目、浪漫的感觉。由于金属材质表面光滑，具有较好的反射性能，所以体积感主要用过暗部颜色的叠加以及反光部分的修饰来表现。蝴蝶胸针上宝石的绘制要有序排列，通过明暗对比关系突出水晶和钻石的光泽质感。

绘制要点主要体现在：暗部一般采用同色系较深的颜色刻画；要把宝石的暗面、亮面以及高光部分区分开来，凸显体积感；由于光源的因素，蝴蝶胸针会有颜色的明暗变化。

第一步，从局部入手，用轻松随意的线条勾勒出蝴蝶胸针头和腹部的大致轮廓，并且以此为参考物，如图 7-92 所示。

第二步，根据整体比例关系，用铅笔画出蝴蝶触角和尾部的轮廓，注意线条要自然流畅，如图 7-93 所示。

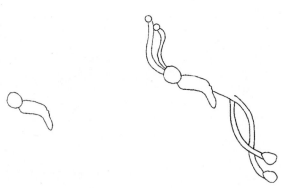

图 7-92　第一步　　　　　　　　　图 7-93　第二步

第三步，用轻松随意的曲线画出蝴蝶翅膀的外轮廓，如图 7-94 所示。

第四步，用铅笔画出蝴蝶胸针翅膀内部的结构，如图 7-95 所示。

第五步，画出宝石的分布位置和形状，这里用一些圆形概括处理，调整并完善画面的局部造型。然后擦除多余的线条，保持画面的整洁，如图 7-96 所示。

第六步，给蝴蝶胸针金属部分刷一层水，用中号水彩笔蘸取土黄色（▨），并加足够量的水给蝴蝶胸针金属材质铺第一层颜色，如图 7-97 所示。

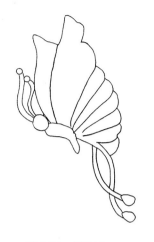

图7-94　第三步

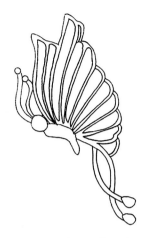

图7-95　第四步

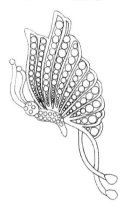

图7-96　第五步

图7-97　第六步

第七步,用熟褐色(■)画出金属材质的暗面颜色,但是面积不要太大,如图7-98所示。

第八步,用玫瑰茜红色(■)、青莲色(■)调色,画胸针上面彩钻的第一遍颜色,这一步颜色要淡一点,如图7-99所示。

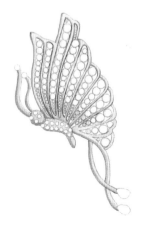

图7-98　第七步

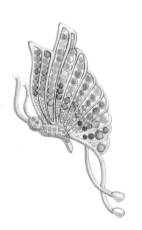

图7-99　第八步

第九步,继续画彩钻的颜色,用玫瑰茜红色(■)、青莲色(■)调饱和度较高的颜色画彩钻的深色,如图7-100所示。

第十步,用宝石翠绿色(■)画蝴蝶胸针触角上钻的颜色,用熟褐色(■)继续加深金属材质的暗面,颜色要有层次感,如图7-101所示。

图7-100　第九步

图7-101　第十步

第十一步,用宝石翠绿色(■)加培恩灰色(■)画触角上宝石的细节,用青莲色(■)加钻蓝色(■)调色刻画翅膀上的彩钻的细节,并用白色提亮高光,如图7-102所示。

第十二步,用培恩灰色(■)画出蝴蝶胸针的投影,调整并完善画面,完成绘制,如图7-103所示。

图7-102　第十一步

图7-103　第十二步

第八章 计算机绘图表现技法

珠宝首饰电脑效果图是利用计算机软件来展示珠宝首饰外观形象的一种绘图技法。一方面,它继承了传统手绘珠宝首饰效果图的基本特点,如生动的造型、自然的着色等;另一方面,它还具有自身的优越性,比如更加快捷、自由,可以对色彩、造型进行反复比较、修改,更直观地展示材质的对比效果,方便饰品图案的变化,创作出更加精确逼真的设计效果图,便于复制和保存等。利用计算机进行珠宝首饰效果图的创作,也成为现代珠宝首饰设计师必须掌握的一门技巧。可以用来绘制珠宝首饰效果图的软件种类较多,效果各异。本章在介绍多种首饰绘图软件的基础上,重点选择了 JewelCAD、Rhino、Photoshop 这三款相对较成熟的软件重点介绍,分别结合最具代表性的一些工具的使用方法,以实例步骤的形式加以介绍。

第一节 首饰计算机绘图的特点

在首饰设计过程中,设计者往往要在短时间内提出多种设计方案以供选择和发展。尽管首饰的制作不像有些工业产品的制作那样复杂、困难,但准确、迅速而美观的首饰效果图比费时费工的模型制作要方便快捷,具有更高的效率。另外,在电子科技发达的今天,由于数据精准、效果立体、视觉感染力强,计算机制图成为了效果图的发展趋势。电脑设计也有许多优势,比如电脑设计非常精确,可以很轻易地精确到作品的任何一个部分,不论是大师还是普通人,都可以做到。比如在没有电脑时,如果想要在一个人物像上做出黄金分割比例,没有一定的基础和能力,是很难做到的。但是如今在电脑设计介入后,就成了一个很简单的问题,通过简单的操作,简单的公式,就可以做到。

电脑首饰图表现多运用专业软件来绘制,具有快捷、易于修改的优势,对于一些重复元素,特别方便复制。电脑表现的形象具有高度的真实感,可以达到以假乱真的表现效果。电脑的设计效率非常高,它帮助设计师完成了烦琐、重复的劳动,提高了工作效率。电脑设计最大的优势莫过于效率高了,一些重复的、烦琐的工作,用人力完成时也许难度不大,但是极大的工作量也会成为痛点,占用人力资源。有了电脑设计的参与,此类问题就会迎刃而解,电脑设计就是应对重复烦琐问题而生的。

电脑设计的最有力作用就是便于更改。因为电脑可以复制模板,可以把一个作品通过修改,变成各种各样的衍生品,也可以对出现错误或不合适的地方进行修改,重新保存即可,哪里不合适就改哪里,不需要重新来作图。电脑设计操作非常便捷。设计师做设计,使用一些专业的工具和软件就能完成,比如改变颜色、改变线条,这些在以前需要耗费大量人力才能完成的工作,在电脑设计上只是一点、一拉的工作就能完成,比如像改变作品的视角、绘制透视关系这些问题,在以前可能需要设计者花费大量精力才能实现,现在在电脑设计上很快就能解决。

电脑绘图是设计师通过电脑显示屏、鼠标、键盘代替画笔、画板、绘图仪器等,通过绘图软件、建模、贴图、视图渲染、三维动画设计等一系列的精确运算完成的,电脑图与手绘图相比具有透视准确、材料质感逼真、可随意调换视角、可多次反复修改的优点,与人交流更直观,尤其是画大场面的较复杂的重复性设计更见优势,但电脑图画面呆板、缺少灵气,艺术个性不强,随意表达性差,艺术感染力较弱,在表现风格上容易出现千篇一律的视觉效果。举个简单的例子,随意在纸上画一朵花,手绘速写很容易,而电脑画出来就很难。

■ 第二节　首饰计算机绘图软件介绍

所谓的珠宝设计软件,即是能专业运用在珠宝首饰设计行业上的三维绘图软件。这类软件不但具备常用的宝石、配件等快速建模工具,而且能测量和计算出模型所属材质的规格及重量;它们还具有精确的建模精度来保证制作工价及快速成形的需求。

此外,此类软件配备有逼真的效果渲染功能以及动画展示功能,使客户在最短时间内能欣赏到款式的真实效果。

如今在世界各国运用于计算机首饰辅助设计的软件有 Rhino、Matrix、JewelCAD、Jewel-smith、ArtCAM、3DESIGN、Digital Goldsmith Four、Free Form 等。

一、软件 JewelCAD

JewelCAD 软件是香港珠宝电脑科技有限公司于 1990 年开发出来的,经过发展,Jewel-CAD 软件已经由一个功能有限的绘图软件发展到现在功能较为强大、性能较为稳定、专业化较高的珠宝设计软件,优点表现在了解行业特性,解决实际问题,集合了三维软件的核心技术,特强的图像处理,可轻易调整 1:1 的图像输出,完整的导轨(rail)曲面成形技术,高效率的 curve 曲线建模绘图,功能多样的变形功能,完美的 boolean(布林)运算技术,自由转换视面。易学易懂,主要应用于珠宝行业。由于在国内推广较早,该软件被国内的珠宝企业所熟知。但它在建模上存在一定的局限,有待进一步开发升级。

JewelCAD Pro 是 JewelCAD 的第二代最新软件,拥有全新开发程式核心,大大增强了日后革新速度及扩充能力,包含更丰富、强大、实用的软件功能。现有 JewelCAD 数据可输入JewelCAD Pro 继续运作。

维持原有 JewelCAD 简单容易理解的用户界面及菜单工具,现有用户可轻松快速地学习和掌握新软件,配备互动式动画教材,方便学习和理解最新操作。

JewelCAD Pro 增强了可旋转观察 3D 效果,直接转化手画成 3D 效果,直观反映产品的最后成品效果。简易快捷的高效能建模工具,大大缩短了制作复杂设计款式的时间,并可直接计算产品的金重、表面面积、石头大小及数量。

这款软件目前广泛应用于国内的珠宝首饰加工行业,是针对首饰生产应用而设计的,软件整体简洁,界面功能以及工具都服务于首饰而生,在首饰建模中常用的曲线绘制和变形绘制都比较方便,界面操作简单,使用起来也比较好上手,但是软件资源不是很好找。

JewelCAD 有一大优点就是它的计算称重功能,在软件里就能称重,计算首饰浇铸出来金银材料的价格和金重,非常方便,输出格式能直接和工厂对接。整体来说,这款软件在首饰后续的制作对接中相比其他软件更方便。

二、软件 Rhino(犀牛)

Rhino(犀牛)是美国 Robert McNeel & Associates 公司开发的一款世界顶尖的电脑辅助工业造型软件,以 NURBS 为主要架构的 3D 模型设计巨匠,它不仅适合于三维动画设计,精确的数据能力使其更优胜于各种工业产品设计,在 Rhino 中装入 TechGems(珠宝插件),以及 Flamingo(火烈鸟)或 V-Ray(渲染插件)后,便是一款非常专业的珠宝首饰辅助设计软件。插入 T-Splines 插件后即可把原本强大的曲面建模功能提升得更加强大,再插入 Bongo 插件后即可实现动画制作功能。另外,Techjewel S. L 把 Rhino 软件作为基础,新开发的 Rhinojewel 更是直接把 Rhino 带进了珠宝设计行业中。如此强大的包容性及建模功能,使其能开发出精准的模型、逼真的 3D 效果、充满活力的动画、轻松的处理宝石及石位、准确计算出各种贵金属材质和钻石净重等。与此同时,经过文件格式的转换,可以把三维文件转成线条图形和二维图形,也可以输入雕刻机、喷蜡机和树脂机等数控成型机中加工或成型制造出来。

“大势”软件资源很方便就能下载到,它使用修建自由形式 NURBS 曲面来精确表现曲线外线,具有完全整合实体与曲面建构能力,软件建模功能非常强大。界面操作简单,鼠标操作和视窗非常自由化,可以最大限度地计自己的想法用模型输出,像 DIOR、潘多拉、蒂芙尼 Tiffany、施华洛世奇等珠宝品牌的设计研发部门都使用这款软件。设计师们只要运用好 RHINO 的基本功能,基本上就能满足大部分的首饰建模需求。

与此同时,在 RHINO 的基础上, Robert McNeel & Associates(犀牛的开发公司)还不遗余力地研发了一款针对更加专业化的首饰生产人员和珠宝设计师研发的 RHINO 插件——RHINO GOLD,在这里有丰富的数据库:钻石、各种宝石、指圈素材、爪镶、爪托、排石、上蜡树的支撑模拟,还有全球各地金银材料实时价格,基本做到了能在软件里就能满足首饰流程的全部功能,不仅对于学生而言,对珠宝设计师来说也是非常实用的。

三、软件 Matrix

珠宝设计软件 Matrix 是由 JLE 引入的崭新软件,是美国公司在 Rhino 软件的基础上开发出来的,是犀牛强大的 NURBS 曲面 Script 功能伸展,Matrix 由开始到完成整体设计,可自动记载每一个绘图制作步骤,经过几年的发展已得到很多珠宝设计师的采用。

这款软件使用较少,安装和破解都比较麻烦,网上能找到的免费软件资源较少。但是它的专业性还是很强的,由于 Matrix 是从 Rhino 的 NURBS 曲面功能延展的,所以如果学会了Rhino,这款软件和 Rhino 的操作相比会比较好上手。

四、软件 Jewelsmith

Jewelsmith 是世界顶尖的 3D 珠宝设计和制造程序,为了满足宝石工匠们的需要,DELCAM 开发了专业软件 ARTCAM_JEWELSMITH。软件同时为模型设计者和制造者提供了一个从设计到制造的完整工作流程。该软件的优点是易于使用和直接运用于 CNC 的雕刻机进行直接的操作;缺点是过于简单,没有强大的建模能力,仅适用于二维半的浮雕首饰,如像章、耳环等的设计和制作。

五、软件 ArtCAM

ArtCAM 是第一套由 2D 的美工图自动建立 3D 立体浮雕的 CAD/CAM 整合系统。2D 的设计稿能迅速转成模型,做出复杂的立体型式,可依设计者的要求做估算与修改再加工,从构想到制造花最少的时间完成,传统 CAD/CAM 花费数天无法完成的工作在短短几分钟内即可达成。ArtCAM 也是一套专业的 2D 加工软体,它的快速、稳定及简单性,会让使用者拍案叫绝,因为在一般的凹槽加工及挑角,设定十分容易,且具人性化的判断以及稳定的刀具路径。ArtCAM 更是一套逆向工程的 CAD/CAM 系统,它所能接收的 3D 点资料数目,是当今 CAD/CAM 系统所无法相比的,不仅如此,庞大的点资料在系统内亦可编修及产生加工程式。

六、软件 3DESIGN

3DESIGN 是法国 Vision Numeric 公司为珠宝业界专门研发的三维设计软件,是一款简洁易学易用的专业软件。3DESIGN 由珠宝行业专业人士设计,它结合了图形艺术软件及工业设计软件的特点,专门为珠宝设计者们精心打造。设计师可以尽情地发挥创意,随意的创建所需图形,并实时伴有真实材质效果,全参数的技术让你随时进行历史修改编辑。3DESIGN 可带领设计师进入独特的图形化珠宝世界,它将使设计过程变得生动快捷,提供了独特的珠宝特征和设计向导。包括了所有需要的建模工具:自动排列宝石,宝石斜面和爪镶口创建,戒指、通道、扫掠、项链和阵列向导,这些触手可及的工具将帮助设计师节省时间以创建高品质的作品。

七、软件 Digital Goldsmith Four

Digital Goldsmith Four 珠宝设计软件让用户定制设计和重新安装变得更容易执行,并且扩大产品清单,交换及制作方式更灵活。还能通过电脑屏幕把在实际制作之前的珠宝展示给用户,并且可打印该珠宝的照片送给客户。还可以把 SystemSix 和 ImageDome 照相机系统结合起来,使用 Digital Goldsmith 通过照相机捕获现有的珠宝图片。Digital Goldsmith 是设计师新的虚拟珠宝商,使设计师的能力远远超过传统。

八、软件 FreeForm modeling system

FreeForm modeling system 是第一个能让设计师及雕刻家把他们的触觉应用在计算机设计 model 的工具。运用 FreeForm 做出来的东西,就像是用黏土刻出来的实体一般,真实、有变化。实际上它却是数据,拥有可快速变更设计等优点。FreeForm 可以让设计者依着自己的想法自由地创作,创造力完全不会受限。

九、软件 Adobe Photoshop

如果选用 PS 制图,需要很强的绘画基本功,纯靠绘画完成首饰造型的工作,它虽然在电脑屏幕上能够呈现出立体效果但与 3D 建模完全不同,其效果的好坏完全取决于个人的绘画功底,且不能实际输出制作。

十、软件 CorelDRAW

CorelDRAW 是一款矢量软件,目前国内一些首饰厂的设计师也会经常用到,是通过平面软件画出一个首饰的立体效果图、三视图,标注好尺寸,然后给到软件师再画 3D 模型输出,并进入下一个环节,自始至终都仍在平面上呈现展示效果。

用 CorelDRAW 画图的时候,需要自己在脑海里提前想好透视图以及结构图,画好线稿,再通过颜色的填充、渐变,以及明暗关系来呈现首饰效果图。相对来说,它可以满足国内一般的生产需求,但自由度不高,画面效果生硬,不够真实。

第三节 JewelCAD 首饰设计绘图表现技法

一、JewelCAD 绘图技法

JewelCAD 是香港珠宝 CAD/CAM 公司于 1990 年成功开发的珠宝首饰专用的计算机辅助设计系统软件。经过发展完善,JewelCAD 已经由一个功能有限的绘图软件发展成为功能强大、性能稳定、高度专业化、高效率的珠宝首饰设计/制造的专业软件,在欧美及亚洲的主要珠宝首饰生产地区被广泛采用。

在珠宝首饰工业生产与加工自动化大幅度提升效率的同时,JewelCAD 与现代珠宝首饰设计相匹配,在目前的商业应用上已经广泛传播,其独特的建模思路和建模工具让珠宝首饰设计人员可轻松地绘出三维首饰物件,并且在 CNC 和 RP 快速成型领域也完美地结合,是具有广阔发展前途的现代珠宝首饰设计软件。作为专业的珠宝首饰类设计软件,JewelCAD 在制作珠宝首饰三维模型方面比其他三维软件具有明显优势,主要表现为以下几点:

（1）操作方便、简单易学。

（2）具有灵活的绘图工具,对于绘制曲线图形和复杂的图形非常方便。

（3）具有强大的曲面建模工具,能够灵活地创建或修改复杂的设计。

（4）渲染速度快,还可进行多种设计效果图的对比,效果图质量高、仿真性强;可旋转观察三维效果,直观反映产品的最后成品效果。

（5）其操作比较适合于珠宝首饰变款,效率高。

（6）丰富的专业资料库及各种编辑工具:便于进行珠宝首饰组合和改款设计,使得操作更为方便快捷。

（7）将布尔运算的原理应用在软件中,可以便捷地将处于自由状态下的曲面进行联集。

（8）在设计中可直接算出金重、数量、大小。

（9）能自建资料库:将设计思想可视化,提高效率。

用 JewelCAD 绘制的图形更清晰一致,减少了书写不清或绘图质量差所出现的错误可能性。可直接输出无纸化的图片,省时省力省钱。

【示例8-1】 如图 8-1 ~ 图 8-22 所示为 JewelCAD 多钻白金戒指的绘图制作。

（1）打开文件菜单,开启数据库,选择"ring1" > "002A"戒指备用,如图 8-1 所示。

（2）开启曲面菜单中的"mesh resolution"调整曲面公差,使戒指更加光滑细腻,如图 8-2 所示。

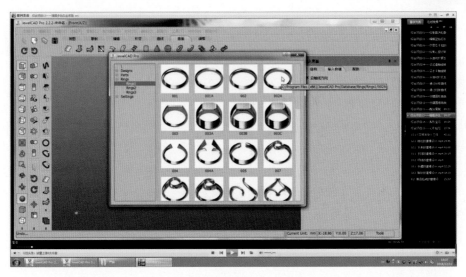

图 8-1

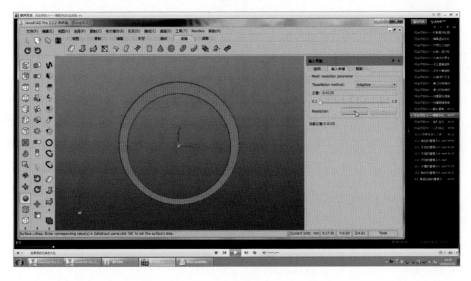

图 8-2

（3）打开曲线分页工具栏中的"面上曲线"命令，输入数据选择"uv 投射"，在戒指面上居中绘制一条面上曲线，如图 8-3 所示。

（4）打开工具菜单，点击"曲线排石"，在右侧输入界面"输入数据"中点击"选择宝石"，弹出"宝石"对话框，选择直径 1.2 mm 的圆钻，如图 8-4 所示。

（5）设置曲线排石参数，宝石间距参数为 0.1，选中"through entire curve"，点击"确定"按钮，生成戒指面的宝石一排，如图 8-5 所示。

（6）单击曲线分页工具栏中的"轴对称"命令，绘制如图 8-6 所示长方形切面，切面宽度不能大于宝石直径 1.2 mm。

（7）转换视图，单击曲线分页工具栏中的"竖直轴镜像"工具，在戒指侧面居中绘制一条曲线，作为导轨曲线，如图 8-7 所示。

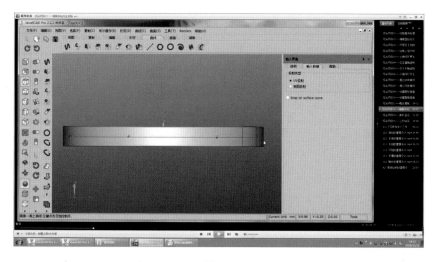

图 8-3

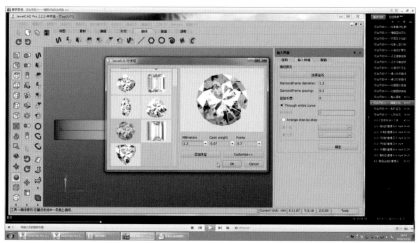

图 8-4

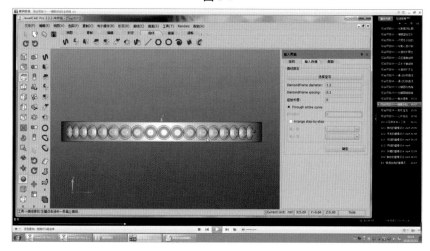

图 8-5

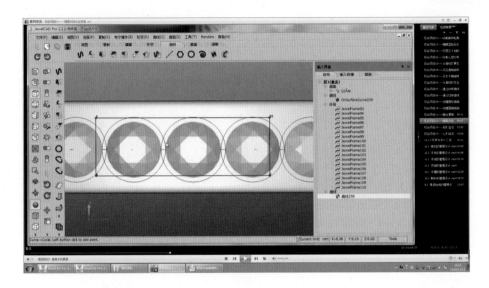

图 8-6

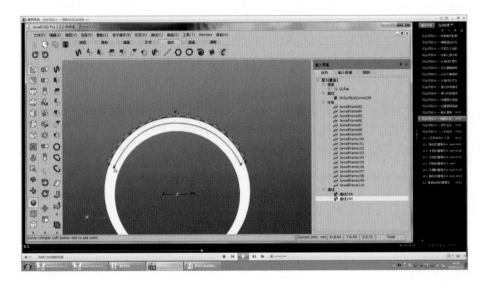

图 8-7

（8）使用曲面分页工具栏中的"扫掠"，利用之前绘制好的切面和导轨生成一个弯曲曲面，如果曲面切面方式不正确，可以在扫掠操作结束之前，在"horizontal"和"vertical"之间切换，以找到正确的切面方式，如图 8-8 所示。

（9）生成该曲面，作为宝石底部金属掏空之用，检查曲面尺寸是否与宝石匹配，若不匹配，需要修改导轨和切面，如图 8-9 所示。

（10）选择布尔操作菜单，点击"差集"命令，按顺序单击戒指和掏空曲面，如图 8-10 所示。

（11）按住鼠标滑轮并拖动，从不同角度观察宝石掏底效果是否合适，如图 8-11 所示。

（12）选中中间的两颗宝石，并用"Delete"键删除，空出的部分作为戒指主石的位置，如

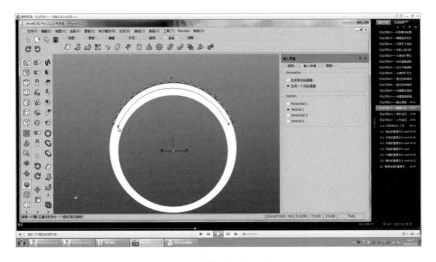

图 8-8

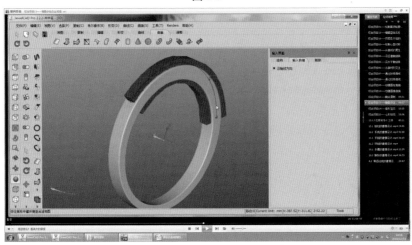

图 8-9

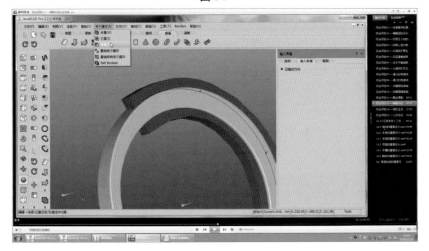

图 8-10

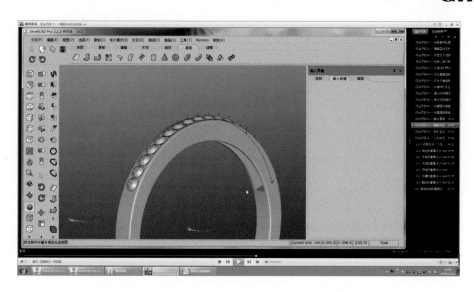

图 8-11

图 8-12 所示。

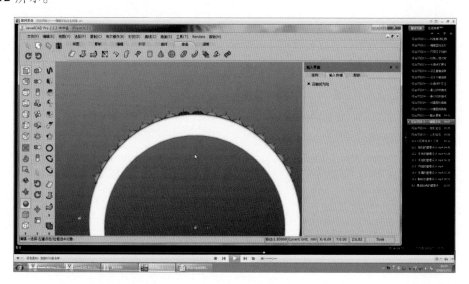

图 8-12

（13）绘制圆柱体,作为钻石下腰部的横档,防止卡槽中的宝石掉落。选择曲面分页工具栏中的"圆柱体"工具,设置参数圆柱体半径 0.2 mm,圆柱体高度 1.8 mm,如图 8-13 所示。

（14）选择工具菜单中的"材质"命令,打开"材质"对话框,将戒指及圆柱体的材质更改为"goldwhit－1",如图 8-14 所示。

（15）选中戒指,单击右键,选中"隐藏"命令,将戒指暂时隐藏,方便下一步操作,如图 8-15所示。

（16）选择形变菜单,顺序点击"flip 90"＞"向上",将选中的圆柱体翻转 90°平放备用,如图 8-16 所示。

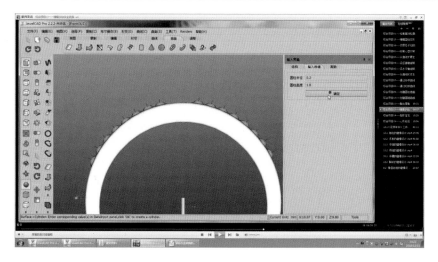

图 8-13

图 8-14

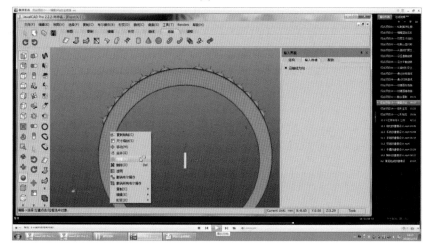

图 8-15

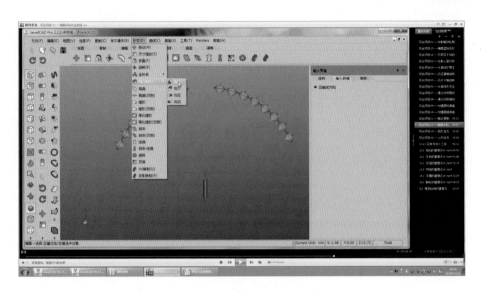

图 8-16

(17)点击复制分页工具栏中的"粘贴"工具,拖动鼠标,将圆柱体复制到宝石下腰部空隙处,如图 8-17 所示。

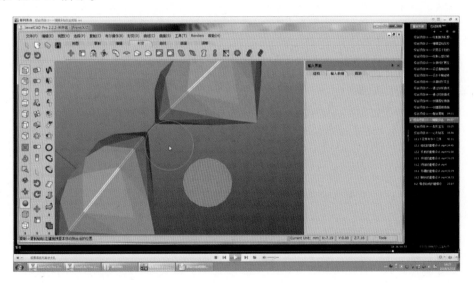

图 8-17

(18)点击"选择"工具,结束粘贴操作,检查粘贴效果,如图 8-18 所示。

(19)在右侧输入界面中,点击"结构",选中"体"并右键单击,点击"撤销隐藏"命令,重新调出戒指主体,如图 8-19 所示。

(20)选择文件菜单,点击数据库,顺序选中"settings">"round2">"round25",调出戒指的主石,如图 8-20 所示。

(21)转换到正视图,将新调出的圆钻爪镶镶口向上移动至主石位置,如图 8-21 所示。

(22)使用纹理图,旋转视图,从各个不同角度查看戒指最终效果,检查是否需要修改,

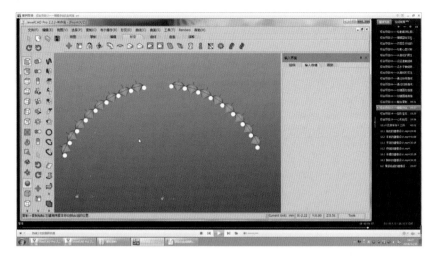

图 8-18

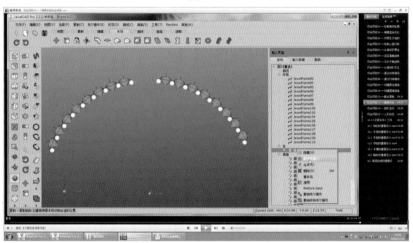

图 8-19

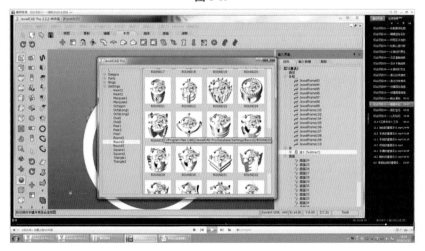

图 8-20

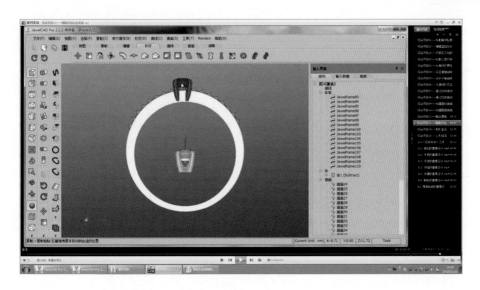

图 8-21

、如图 8-22 所示。

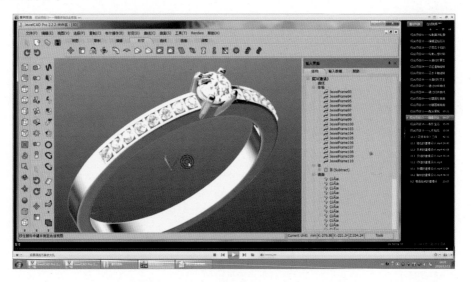

图 8-22

二、JewelCAD 首饰绘图欣赏

JewelCAD 软件绘制首饰如耳饰、戒指、胸针、链饰如图 8-23 ~ 图 8-26 所示。

图 8-23　JewelCAD 绘制耳饰

图 8-24　JewelCAD 绘制戒指

图 8-25　JewelCAD 绘制胸针

图 8-26　JewelCAD 绘制链饰

第四节　Rhino(犀牛)首饰设计绘图表现技法

一、Rhino 建模技法

Rhino 的建模原理就是点线面,两点成线,两线成面,面再成体。其绘制要点包括以下几项:

建模前分析——这个"分析"很重要,如果说建立一个模型需用两个小时,完全可以用一个小时的时间来分析它。拿到一个产品不能盲目地去画线建面,首先是要分析,建立的产品是属于曲面造型比较复杂的还是运用几何体造型比较多的产品,分析它的形态、线条走向,块面组成等,正所谓"磨刀不误砍柴工"。不同的设计师都有着自己的建模思路,比如要建立一个曲面,可以以网线建立曲面,也可以双轨扫略等,不着急下手,因为并不是要找到最快的方法,而是最适合自己的方法。

进行画线——在完成上一步的建模分析后,就是按所分析的思路画线。画线的时候一定要严谨,线画得好模型就会做得很好,就像大楼的地基。根据物体的形态、线条的走向分析哪些线需要画、该画,哪些是多余的、不该画的。画线一定要细致,加上自己的空间想象力,熟练之后,画线的时候基本就能想到这个模型做出来的样子。

组合面——按照犀牛的建模原理,点线面结合,一下把模型建得完美是不可能的,Rhino最大的特点就是组合,面和面的组合,组成完美的模型,所以把线画好了之后,设计师将要做它的主体形态,也就是用线成面,线画的完美,面做的就完美,如果面做的不满意要立刻重做,不能怕麻烦,不然以后得返工,更浪费时间。将做好的面组合成主体形态,如果是复杂的模型,线、面一定要分好图层,清晰的分层对建模非常有帮助,条理一定要清晰。组合之后不要以为做完了就开始倒角,如果之后需要修改模型,会造成不必要的返工,浪费时间。

收尾工作——做最后完善处理,处理细节,包括倒角等。在整个建模过程中,不同的步骤中有不同的技巧点,一个模型可能有很多种成形的方法和思路。设计师在时间允许的前提下可以同一个模型制作多次,尝试不同的方法来做,每做一次都可能会有收获,可能会有惊喜,可以帮助自己更快熟悉这个软件和找到适合自己的建模方法,多多练习,在解决问题中去总结经验。

【示例8-2】 如图8-27所示,用 Rhino Gold 对 Niessing 经典款钻戒排钻石。

Rhino Gold 是 Robert McNeel & Associates(犀牛的开发公司)为满足珠宝设计师的特殊建模需求,专门打造的一款珠宝建模软件,该软件提供各类宝石、指圈等素材库,兼具实用性与易操作性。Rhino Gold 在 Rhino 的基础功能上建立增加珠宝业专用工具以提升生产效率及自动化重复任务,具备快速设计、节省时间与降低成本三大优势。Rhino Gold 不仅包含了由珠宝设计到制作的完整流程步骤,而且所有的工具都有一个实时预览功能,使珠宝设计师和制造商快速精确地充分修改和制造珠宝,既简化工作又减少了学习时间,适合专业的设计人员使用。

对于使用犀牛建模的珠宝设计师来说,往往会碰到这样一个问题,那就是钻石的排列问题,很多珠宝首饰,尤其是嵌钻的戒指,钻石的排列对于不懂技巧的新手来说,会造成很多重复、浪费时间、降低效率的操作。Rhino Gold 软件所具有的排石功能,可以避免设计师在排石过程中浪费大量时间。现以德国高级品牌 Niessing 中的经典款钻戒(见图8-27)为例来说明 Rhino Gold 是如何排石的。

图 8-27 Niessing 经典款钻戒

第一部分:绘制轨道戒壁。

第一步:在准备排石前,首先绘制轨道戒壁部分。

第二步:点选材质,调节透明度。

第三步:绘制一个可塑形圆。

第四步:打开圆编辑点。

第五步:选取对角两组编辑点拉动调整圆造型。

第六步:得到一根曲线。

第七步:运用 Rhino Gold 里面的宝石生成一颗宝石。

第八步:利用圆角矩形来绘制轨道截面曲线。

第九步:完成修剪。

第十步:挪动截面曲线到路径曲线上。

第十一步:进行单轨扫掠。

第十二步:生成戒壁。

第二部分:基础排石。

第一步：选用双曲线排石。

第二步：右侧提示框提示选取两根路径曲线，依次选取，刷新。

最后：排石完成。

宝石是珠宝设计的核心。珠宝基础排石技法不但可以帮助设计师打造现有的珠宝设计作品，还可以运用到日后的设计工作中。另外，Rhino Gold 软件除排石外还具有其他强大功能。

二、Rhino 软件绘制首饰效果图欣赏

Rhino 软件绘制首饰效果图欣赏如图 8-28 ~ 图 8-39 所示。

图 8-28　耳饰（Rhino 建模，V – Ray 渲染，设计师：Armen Shahinyan）

图 8-29　戒指［Rhino 建模，KeyShot 渲染，设计师：Ratan Niraniya（印度）］

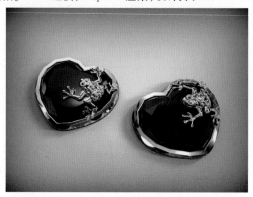

图 8-30　耳饰［Rhino 建模，KeyShot 渲染，设计师：De ornamentos para calçados（葡萄牙）］

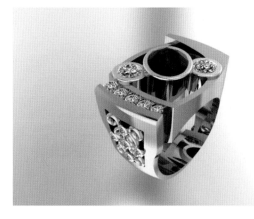

图 8-31　礼服戒指［Rhino 建模，V – Ray 渲染，设计师：Vincent Sakasa（南非）］

图 8-32　耳饰《玫瑰》（Rhino 建模，V – Ray 渲染，设计师：Ramakant Kulthia）

图 8-33　项链吊坠《自由》（Rhino 建模，Rhino 渲染，设计师：Balland Denis）

图 8-34　蝴蝶胸针（黄白分色）［Rhino 建模，设计师：Sanvito Pierpaolo（意大利）］

图 8-35　戒指(Rhino 建模,Rhino 渲染,设计师:Balland Denis)

图 8-36　Tiffany 鸡尾酒 18 K 玫瑰金女士手表(Rhino 建模,设计师:Sofia Silvestrini)

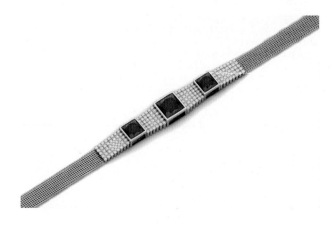

图 8-37　女士手镯[Rhino 建模,渲染 V – Ray,设计师：Ratan Niraniya(印度 Jaipur)]

图 8-38　蜗牛胸针(Rhino 建模,渲染 KeyShot 2.0,设计师:Abel Geng)

图 8-39　戒指(Rhino 建模,渲染 Maxwell,设计师:Ratan Niraniya)

第五节　Photoshop 首饰设计绘图表现技法

　　Photoshop 在珠宝首饰中的应用主要体现在三个方面:后期首饰照片修图、辅助首饰创作、绘制首饰效果图。具体可用于首饰图的美化、效果强化、更换材质宝石等处理,用于效果展示、匹配杂志彩页、购物网站商业推广等目的,如图 8-40、图 8-41 为 Photoshop 首饰处理效果。

　　由于首饰本身金属质感的反光和宝石的火彩很难用画稿或相机完美地表现出来,因此用于宣传的首饰照片都需要通过 Photoshop 等修图软件进行修饰。

　　Photoshop 的专长在于图像处理,而首饰照片的修饰正是运用到了这一点。拍摄好的首饰实物照片通过 Photoshop 矫形、去污、校色、增强对比度等处理后,金属质感变得更强、宝石更加璀璨,因此照片也更具吸引力和视觉冲击力。

　　Photoshop 的另一特点是可以辅助首饰创作,强大的贴图功能可以让设计师轻松快捷地更换首饰的零部件和调整首饰的造型,还可利用颜色调整工具快速地更改金属材质和宝石的颜色,让设计师直观地感受到成品首饰的效果,从而快速地修改自己的创意,提高了设计的效率。

　　Photoshop 具有强大的绘图功能。通过学习金属光影的表现技法、金属肌理的表现技

图 8-40　Photoshop 首饰图样处理效果

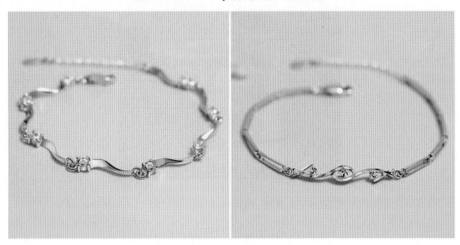

图 8-41　Photoshop 对拍照首饰图样处理效果

法、金属造型的变形和特殊材质的表现技法,设计师可以绘制出惟妙惟肖的首饰效果图。这样不仅能帮助设计师更好地展示自己的作品,同时也有助于顾客直观地感受到成品的效果,减少了某些顾客看不懂手绘效果图和制作出的实物与之前绘制的设计图差别过大导致的麻烦。

第三篇　首饰制作

第九章　首饰制作工具设备材料

第一节　首饰制作工具

一、工作台

（一）普通工作台

普通工作台是首饰制作中最基本的设备,通常用木料制作而成,如图9-1(a)所示。主要工作区域是台面,一般要用硬杂木制作,台面要平整光滑,无缝隙,厚度在50 mm以上,前面有台塞;左、右两侧及后面有较高的挡板,防止宝石或工件蹦落;工作台高度一般为80～90 cm,可以使操作者的手肘得到倚靠或支撑;台面下有收集金属粉末和放置工具的抽屉;工作台后面挡板处有挂架,用于挂吊机。

（二）微镶工作台

微镶工作台用于宝石镶嵌操作,通常用木料制作而成,如图9-1(b)所示。长和宽一般比通用工作台稍大些,以便在台面上放置显微镜,并留出足够的操作空间;周围挡板低,防止挡光;一般台面做成内凹弧形,便于操作。

二、锤子

锤子由锤头和锤杆两部分组成。锤头用于敲击物件。锤杆连接锤头用于手持。锤杆一般为木制,也有不锈钢制套上胶柄(见图9-2)。首饰制作常用的锤子有铁锤、整形锤等。

（一）铁锤

铁锤的锤头部分为铁质或不锈钢质,由于锤头质地较重,所以常用于对工件的雏形敲制。按锤头形状,铁锤可以分为多种。

(1)平锤。锤头有一端或两端呈平整面,平面的形态可以是圆形或者方形,用于锤打工件的平面部分或将不平整的部位锤平。

(2)圆头锤。锤头有一端或两端呈半球形,将材料锤打成凹凸面或者展薄材料。

(3)刀锤。锤头有一端呈斜窄边,另一端是平整面,刀头部分常用于加工工件上较窄的部位或者用于伸长材料,平整面用于加工平面。

(a)　　　　　　　　　　　　　　　(b)

图 9-1　普通工作台和微镶工作台

图 9-2　平锤、刀锤、圆头锤、胶锤、木锤

（二）整形锤

这类锤子的特点是质地轻软，用于首饰金属的整形，敲打表面不留痕迹。首饰加工中常用的整形锤有木锤、皮锤、胶锤等。

（1）木锤。锤头为木制，锤头轻而软，没有锋锐的边棱，适用于锤打质地较软的贵金属。

（2）皮锤。锤头为木制或者塑料制，敲击面蒙上一层皮革，锤打时具一定弹性，适用于锤打质软的贵金属而表面不会留下敲击痕。

（3）胶锤。锤头两侧为胶质，锤头中间以不锈钢加以连接，使锤头变重，增加锤打力度，胶质性软具一定弹性，适用于锤打质软的贵金属做较大的变形而不留下敲击痕。

三、砧子

砧子多为铁质或不锈钢质，主要用来支撑敲击金属工件（见图 9-3）。首饰加工中常用的砧子有以下几种。

图9-3　窝作、羊角砧、砧窝、方砧

（1）方砧。多呈截面为正方形的长方体,砧子面平整、光滑,也有的砧面稍有凸起,是敲击工件的垫板;必须有足够的重量,这样才能在接受敲击时承载冲击力并且不产生明显的跳动或移位。

（2）羊角砧。是根据首饰加工制作的形制要求,特殊形状的砧子,两侧呈尖角状,适合用来敲打弯角、圆弧,加工曲面。

（3）窝砧。窝砧是呈长方体或立方体的一块不锈钢,钢体的表面有一系列大小深浅不一的窝位,对应每一个尺寸的窝位都有一支冲头(也称为窝作,是一根一端为球形或半球形的不锈钢棒),使用时将金属薄片放在要打制的窝位上,用对应的冲头进行击压,使平片材料形成凹片(凸片)。

（4）坑铁(木)。长条形钢(木)条上有大小不同的坑道和圆形、椭圆形凹位(窝位)(见图9-4),常与铁锤配合使用,将金属锤出半圆截面的长条状用于做戒圈或手镯圈;或者和圆钢配合做管材,也可以在各种窝位上打制窝片。

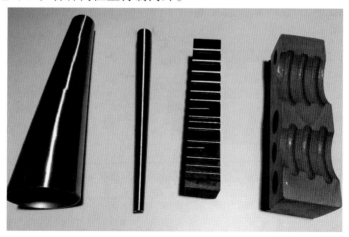

图9-4　手镯铁、戒指铁、坑铁、坑木

（5）戒指铁(木)。在制作戒指时比较常用,形状为从细变粗,截面为圆形的实心铁(木)棒。常与锤子配合使用将金属锤出戒指的形状,也可用于矫正戒圈圆度或微扩戒圈。与其相似的还有手镯铁(木),形状为从细变粗,截面为椭圆形的实心铁(木)棒,只是粗大很多。

四、钳子

钳子用以夹持加工过程中的工件(见图9-5、图9-6)。首饰加工上常用的钳子有以下几种：

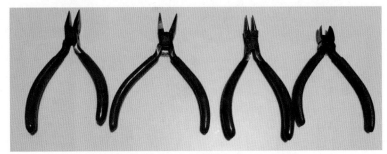

图9-5　尖嘴钳、平嘴钳、圆嘴钳、剪钳

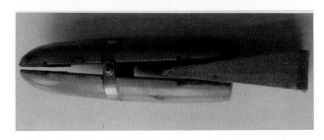

图9-6　戒指钳

(1)平嘴钳。钳嘴呈扁锥形,末端呈小的矩形面,夹持面为平面,用于折弯金属片、线或夹持材料。

(2)尖嘴钳。钳嘴呈两个半圆锥形,末端较尖细,夹持面为平面,用于夹持小区域的、细小的物件,常用来镶嵌宝石。

(3)圆嘴钳。钳嘴呈两个细长的圆锥形,末端较尖细,夹持面为圆弧面,用于弯曲金属片或线材成弧形,而不留下夹持的折痕。

(4)剪钳。钳嘴处为锋利的刀刃面,刀刃两边较厚,一面平整微凸,另一边内凹,用于剪断薄的金属窄片和金属线。

(5)手虎钳、台虎钳。外形较其他钳类大,夹持面为较宽大的平面,夹持时以蝴蝶旋钮固定住工件,不需要用手夹紧。台虎钳还可以固定在工作桌边缘,方便双手对工件进行加工,适用于较大的首饰或者需要较大变形的首饰固定。

(6)戒指钳。通常用木或塑胶制成,夹杆呈半圆柱形,通过一块木楔塞夹紧另一端,夹头开口处贴有皮革以保护被夹首饰表面不会留下夹痕,它的作用是夹持细小的首饰或戒指以方便加工、镶嵌。

五、拔丝工具

(1)拔丝钳(见图9-7)。前端为平嘴,夹持面为平面,钳柄很长,利用杠杆原理夹持金属线拔丝。

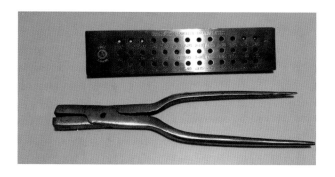

图9-7　拔丝板、拔丝钳

（2）拔丝板（见图9-7）。厚度5 mm左右的不锈钢板，钢板上镶有不同孔径、不同形状的硬质合金制成的线粒孔，按标示的号数孔径大小渐变见图9-7。每个线粒孔呈平顶圆锥形，一头大一头小，拔线时大进小出。线粒孔的形态各异，常用为圆形，还有半圆形、方形、月牙形等。

六、线锯组合

（1）线锯（见图9-8）。又称为卓弓、锯弓，外形像弓字，配合锯条使用。根据弓背长度，线锯有固定式和可调式两种。其主要用途是切断棒材、管材，以及按画好的图样锯出样片。

（2）锯条。因为很细，又称为锯线、线锯条（见图9-8）。根据锯条的厚度、宽度和锯齿大小，首饰制作上，从细到粗的型号为8/0、7/0、6/0、5/0、4/0、3/0、2/0、1/0、0、1、2、3、4、5、6号，常用的为4/0、3/0两种规格，行业上称为四圈和三圈。锯条的长度一般为130～133 mm，锯条的两端各有长25～28 mm无锯齿，用于夹持在线锯上。

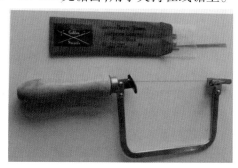

图9-8　线锯、锯条

七、锉刀

锉刀是在整形过程中较为重要的工具，它主要通过自身所带的锉齿在工件表面运动时，产生少量切削来去除掉多余的部分。锉的形制一般是长条状或棒状，但是具体的形态又各有不同。首饰加工常用的锉长度为6寸或8寸（1寸＝3.33 cm）。锉齿有疏密之分，锉柄上一般有号数注印。锉柄一般是与锉身一体的钢圆杆，因为有些锉柄较细不便持拿，也可以套上粗一些的手柄（一般为塑料和木制的）用于加工。首饰加工中常用的锉刀有什锦锉及首饰加工用锉。

（一）什锦锉

什锦锉以锉的横截面形状来分类，通常也以横截面形状来命名（见图9-9）。

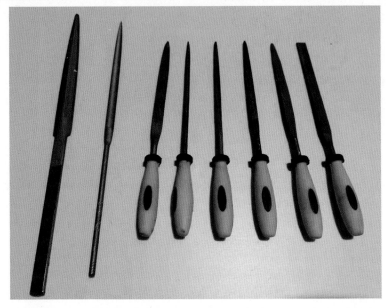

图9-9　红柄锉、滑锉、什锦锉

（1）圆锉。截面为圆形、椭圆形，锉身除手柄外都布满锉齿，从锉尖到锉柄由细变粗。对圆（椭圆）孔洞进行扩削，或对内凹弧形进行整形。

（2）半圆锉。截面半圆形，锉身由一平面和一半圆弧面围成，平面及半圆弧面上均布满锉齿，从锉尖到锉柄由细变粗。它是整形中最常用的锉，可以用半圆面对内凹弧形进行修锉，又可以用半圆底面对平面进行整形。

（3）双半圆锉。截面为马眼形，由两段弧度一样的弧面围成双凸形，两个弧面上布满锉齿，从锉尖到锉柄由细变粗。对双内凹弧面进行扩展和整形。

（4）三角锉。截面为等边三角形，由三个平面围成，三个平面上都布满锉齿，从锉尖到锉柄由细变粗。对大于60°的锐角孔型或外形进行整形，也可扩槽。

（5）单面三角锉。截面为等腰三角形，由三个平面围成钝角很大的等腰三角形，只有底边的平面上布满锉齿，从锉尖到锉柄由细变粗。对锐角很小的夹角底平面进行整形而不伤害到其他部分。

（6）方锉。截面为正方形，由四个平面围成，每个平面上都布满锉齿，从锉尖到锉柄由细变粗。对方形孔进行扩展和整形，校正直角。

（7）平锉。截面为矩形，由两个大平面和两个小平面围成，大平面和一个小平面布满锉齿。对窄矩形孔进行扩展和整形，主要加工平面和外凸弧面。

（二）首饰加工用锉

在首饰加工各个工序中常用的锉刀有以下几类：

（1）红柄锉。形制为半圆锉，全长约8寸，比整形锉稍大、锉齿粗，在首饰加工中常作初步的修锉和整形，一般称为粗锉。由于这种锉的锉柄漆成红色，所以行内称红柄锉，见图9-9。

（2）整形锉。常为各种截面类型的组合套装，在首饰加工中常作细部的修锉和整形，一般称为中锉。

（3）滑锉（见图9-9）。形制为半圆锉，全长约8寸，锉齿很细，比整形锉的锉齿还细很多，在首饰加工中作最后的修饰用，一般称为细锉。经过滑锉加工过的工件表面细滑，已经初步显示金属的光亮效果。足金、足银类贵金属硬度较低，经过滑锉修锉后可直接用玛瑙刀进行抛光而无须砂磨工序。

（4）蜡锉（见图9-10）。首饰制作蜡版，蜡性质黏软，用整形锉加工时锉齿间容易被蜡屑填附，所以在制作蜡版时有专门的蜡锉，性质尺寸与整形锉相似，但锉齿较整形锉粗。

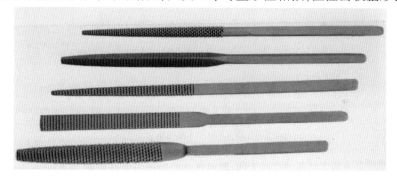

图9-10　蜡锉

（三）锉的齿号

锉齿的粗细决定其加工件表面的粗糙程度，一般锉的齿号印在锉尾，以00至8的编号表示，00号最粗，8号最细，首饰制作中常用的是3号和4号。

在使用锉刀一段时间后，金属粉末会堵塞在齿缝中。尤其是细锉，因其齿缝密、齿槽浅，更易被金属粉末堵塞。因此，在使用中常清理齿面。

清理方法是：粗齿锉可用非钢类金属薄片刮挑清理，而细齿锉则可用细铜丝刷清或钢丝刷清理。在锉贵金属材料时，为保证锉削成分的纯度，可用同成分的材质薄片轻轻刮挑。锉应避免被油污，沾油后易嵌入锉齿，影响使用效果。也要避免被水沾上，以防生锈，影响齿的锋利，缩短使用寿命。

八、组合焊具

焊接用的工具，通常由储存供气部分、出火部分和燃料部分组成。传统组合焊具（见图9-11）分三个部分：风球、焊枪和油壶，三者用胶管连接。风球也叫皮老虎，脚踏风球鼓起的空气挤进油壶，将油壶中的油汽化并与空气混合从焊枪口喷出，点上火就可以使用了。

（1）风球的外形正面有点像鼓面，有一层胶皮蒙于箱体之上固定住，体身封闭，箱底有一进气孔，侧方有一出气孔，箱体上方为踏板，可以是木制或铁质。当脚踏踏板时，进气口封闭，箱体内的空气就会沿胶管挤压进油壶，燃料的挥发气体混合沿胶管进入焊枪口，点燃焊枪。脚松后踏板抬起，空气从进气口进入，如此往复，给焊枪不断提供可燃气体。因踩踏时气压作用，皮质表面会鼓起成半球状，故形象地称之为风球。

（2）焊枪又称"火吹"，焊枪嘴就是火焰喷出的地方，混合空气的可燃气体从焊枪嘴喷出，通过焊枪上的旋钮，调节混合气流的大小，调节控制火焰大小，可以对金属熔化、焊接、退

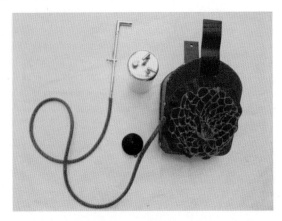

图 9-11　组合焊具

火热处理等操作。焊枪(见图 9-12)一般有三种尺寸:大号、中号和小号。

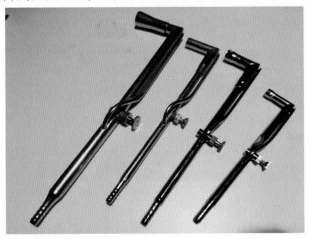

图 9-12　焊枪

　　(3)油壶是盛放燃料的容器,常为铁质或黄铜制,呈圆柱体形状。油壶的上方有两个管口和一个盖有螺帽的注油孔,一个为进气管口,在油壶内部向下延伸到油壶底,连接风球,进气管口有些是活动可以抽出的;另一个为出气管口,在油壶内部没有延伸,与焊枪连接。首饰上常用的燃料为白电油(正庚烷,具有高脂溶性和高挥发性)或汽油,主要是用燃料的挥发分来燃烧,油在油壶中的体积必须小于油壶容积的 1/3;否则风球助燃时会将油混着混合燃气喷出,点燃时易造成危险。

　　九、焊接工具

　　(1)焊瓦(见图 9-13)。长方形板状,用以盛载焊接物。使火不会直接烧到工作台面,而且耐火、隔热,长期烧灼不会断裂。

　　(2)焊夹(见图 9-13)。外形似镊子,不锈钢制。用以焊接时夹持钎料及调整首饰等,有长短之分,焊夹前端较尖,可以夹持很细小的焊件。

　　(3)八字夹(见图 9-13)。又称葫芦夹,外形似八字形和葫芦形状,不锈钢制,前端较尖。用以夹持首饰使其不易移动,且可以多方位摆放,最大的优点是通过交叉的不锈钢弹性自行夹紧首饰,首饰加工时无须用手持。

(4)绕棒(见图9-13)。是制作项链环和制作空心线的工具。绕棒截面不同,可以制作不同形状的项链环,绕棒要求整根直径一致,无弯曲,表面光滑。

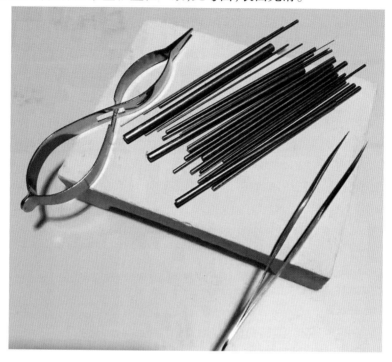

图9-13 焊瓦、八字夹、绕棒、焊夹

(5)剪刀(见图9-14)。首饰剪刀柄大头小,充分利用杠杆原理,对板材和线材进行剪裁。首饰剪钳分为大号、中号、小号。

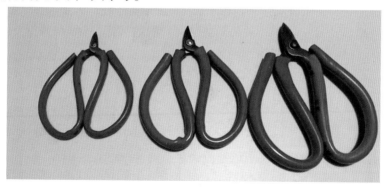

图9-14 剪刀

十、镶嵌工具

(一)车针

车针又称吊针,针头为各种形状,并以形状命名,针头尺寸有大小之分,针头有细小的刀刃(见图9-15)。车针使用时不要长时间连续运转,否则将导致过热而加速针刃的磨损。首

饰加工上常用的车针有：

图9-15　钻针、球针、轮针、桃针、伞针、牙针、飞碟、吸珠

（1）钻针。尺寸一般为0.5～2.3 mm，针头形态与普通钻花一样，但是尺寸要细小得多。钻花主要是打孔用，在执模和镶石时也常用钻针对石位和花纹处进行修整。

（2）球针。尺寸一般为0.5～2.5 mm，针头形态为圆球形，针刃斜向密布在球体上。球针的作用是可以钻打出深浅不一的半球形凹槽，在制作镶嵌圆形宝石的饰物时，使圆孔直径正好贴合于宝石腰线直径，还用来清洁花头底部的石膏粉或金属珠、重现花纹线条、清理焊接部位等。

（3）轮针。尺寸一般为0.7～5 mm，针头形态为短圆柱形，似轮，针刃密布在柱体面（轮边）上。轮针的作用是可以轮平镶槽，也可以扩成不同深浅的方形凹槽。采用迫镶工艺镶嵌宝石，宝石边厚0.5 mm以上的，适宜采用轮针，对宝石基座进行调整，铣削出合适的底部使宝石正好贴合于宝石底座。

（4）桃针。尺寸一般为0.8～2.3 mm，针头形状如桃子，针刃斜向密布在球体上。桃针的作用是可以钻打出外凸的圆锥形凹槽，采用钉镶工艺镶嵌圆形宝石调整圆形镶口内孔。

（5）伞针。尺寸一般为0.7～2.5 mm，针头形态为伞形的圆锥体，斜边角度可以变化，使锥尖角度可钝可锐，针刃斜向密布在锥面上。伞针是做爪镶的主要工具，也可以打圆锥形坑位，调整圆镶口锥度，也可以掏锐角或者打卡位。

（6）牙针（狼牙棒）。尺寸一般为0.6～2.3 mm，针头形态为长的圆柱体或截顶圆锥体，形态似狼牙棒，针刃密布在柱体上。狼牙的作用是可以扩位、扩槽、扩孔，调整饰物内孔（圆孔、椭圆孔、不规则形孔），在执模时常用来刮除夹层间的披锋，刮净死角位。平直状孔宜选用直狼牙棒，斜坡状孔宜选用斜狼牙棒。

（7）薄飞碟。尺寸一般为0.8～2.5 mm，针头形态似飞碟，针刃斜向密布在整个针头上。薄飞碟的作用是可以钻打出锥形凹槽和V形卡位，薄飞碟车薄边宝石的卡位，镶嵌宝石。

（8）厚飞碟：尺寸一般为0.8～2.5 mm，针头形态为短圆柱体加圆锥体，针刃斜向密布在柱面和锥面上。厚飞碟的作用是可以车厚边宝石的卡位，镶嵌宝石。

（9）吸珠。尺寸一般为0.9～2.3 mm，针头形态为中空的半球形，似碗，与其他车针不同，其针刃不是分布在半球外表面，而是斜向密布在半球体中空的内壁。吸珠的作用一般用于吸较粗的金属爪头，磨成半圆珠状，或光圈镶；自制吸珠为光滑面，用于吸钉粒。

（二）镶石铲

镶石铲为不锈钢针用油石自行磨制而成。常用的镶石铲铲头有两种：一种为一字形刀刃，刀刃两面的斜面对称，称为平铲，用于铲钉或铲边；另一种为三面尖锥形，三个面一大两小，称为三角铲，用于起钉镶嵌时铲起镶嵌钉。使用时上于双头索或者蘑菇索头上，用拇指顶住针身，微露铲头，其余四指握紧手柄即可，行进方向朝向自己。

图 9-16　索钳、油石、钢针

（三）油石

油石（见图 9-16）为质地细腻的石材，是用于磨制镶石铲和錾的刀刃的工具。油石通常选用金刚石条制作，油石的规格有 6 号、8 号，常用 6 号（153 mm×50 mm×10 mm）。使用时要涂覆煤油或轻质机油作为润滑油，磨制时油石面使用要均衡，要注意不要让刀刃来回在一个方向磨制，使油石产生耗损凹坑，应成"Z"字形磨制。

（四）索钳

索钳（见图 9-16）有可旋转卸下的索头，将钢针或其他夹持物插上后，盖上索头旋转索紧。锁钳用于夹持钢针进行划线、钉镶宝石、清洗等。

（五）钢针

选用高强度且韧性较好的钢针（进口缝衣针）。钢针规格常用的是 46 mm 和 60 mm（见图 9-16）。根据钻石、宝石直径的大小选用合适的钢针。

（六）珠作

珠作（见图 9-17）外形似车针，只是比车针细一些，针头为内凹的半球形，似碗，与吸珠相似，但是珠作针头内壁光滑。珠作常为一套，由针头内凹半球由小连续变大的多支组成，还配有木质的蘑菇头手柄，使用时将珠作插入手柄即可，用于钉镶和微镶宝石时压钉，压出的小镶钉即为光滑半球状。

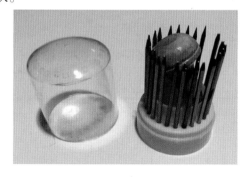

图 9-17　珠作

（七）壁针

壁针外形似花錾，细棒形，可以自行磨制，针头为平整的长方形小面。用于壁镶、轨道镶宝石时踏压壁边使用，与平头錾或踏錾相似。

（八）刷子

刷子（见图 9-18）用于清理首饰加工中产生的粉末碎屑和灰尘杂质。首饰加工中常用的刷子有：

图9-18　软毛刷、硬毛刷、铜刷

（1）软毛刷。清刷工件，收集加工过程中产生的贵金属粉末。

（2）硬毛刷。来清刷首饰凹角缝隙处镶嵌后的贵金属粉末等。

（3）铜刷。刷毛为纤细的黄铜丝，用于浇铸首饰，刷洗黏附于表面的石膏。

（九）宝石爪

宝石爪外形似笔，笔头为三根钢丝，折曲成刻面宝石亭部的形状，很像鸟爪抓取食的形态。可通过按压笔尾的开关控制爪的打开与收拢，用于抓取宝石用。

十一、抛光工具

（1）玛瑙刀（见图9-19）。压光工具，前端为玛瑙，磨成刀状，后面有铁杆或竹杆。

（2）钢压笔（见图9-19）。压光工具，前端为合金锥状刀尖，后面有不锈钢或黄铜制成的长杆。

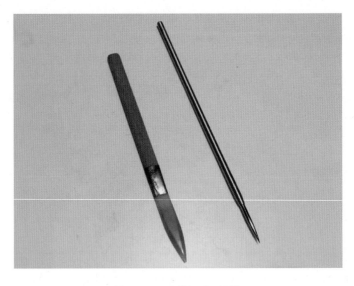

图9-19　玛瑙刀、钢压笔

十二、测量工具

（1）游标卡尺（见图9-20）。可以精确测量被测物的内径和外径。游标卡尺的读数是主标尺和游尺的读数之和，精确度为游尺的最小刻度，常用的有0.01 mm、0.02 mm。电子游标卡尺自带读数及转化显示系统，可以在液晶屏上直接显示出读数值。

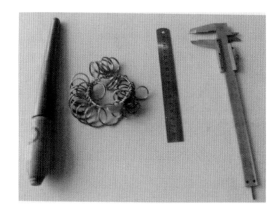

图9-20　戒指度量棒、戒指度量圈、直尺、游标卡尺、电子天平

（2）戒指度量圈（见图9-20）。为一串由大到小连续渐变的不锈钢制的圈环，圈环上刻印有数字号（见图9-20）。用于测量手指佩戴戒指的大小，测试方法很简单，将手指伸入环中即可，不松不紧感觉舒适的环上标示的号数，就是该手指佩戴戒指的号数。

（3）戒指度量棒（见图9-20）。外形与戒指铁相似，也是一根由细到粗的棒，但常为黄铜制，棒上印刻的有刻度和对应的号数，与戒指度量圈的号数是对应的。戒指度量棒的作用是用来比对所加工的戒指是否符合要求的号数。

（4）电子天平（见图9-20）。规格有很多种，具有不同的测量精度和量程，可用于称量贵金属、钻石和宝石等。

第二节　首饰制作设备

一、开料设备

（一）压片机

压片机分手动和电动两种（见图9-21），是由手动或电动通过齿轮带动的一对光滑滚轴滚动辗压的工具，光滑滚轴上有平面和线槽部分，通过调节两滚轮的间距，分别对金属材料进行压片和压线操作。

压片机滚轮工作台面上不可放置钳子、锤子等块状工具，以免被带入滚轴，损伤滚轴。操作时不可戴手套、手链，也不可徒手滚压过分短小的材料，以免手指被带入滚轴，造成人身伤害。压片中每次下压的距离不可太大，以免损坏机器。

（二）手动剪板机

刀体利用剪切力，刀杆利用杠杆原理，能裁剪或切割3 mm以下的板材或线材（见图9-22）。

（三）拉线机

固定拔丝用，有手动和电动两种。手动的一般称为拉线凳（见图9-23）。

图 9-21   手动压片机、电动压片机

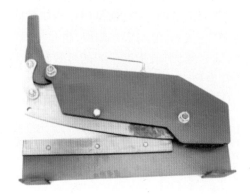

图 9-22   手动剪板机

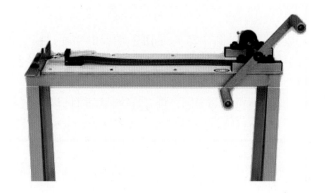

图 9-23   拉线凳

二、焊接设备

(一)熔焊机

熔焊机(见图9-24)与皮老虎原理相同,是与焊枪的组合。熔焊机的助燃空气由电压泵

产生,助燃的力度由不同数量的泵的压力大小控制,有三泵、四泵和六泵,对应着不同的控制开关;而皮老虎中的油壶被设置在熔焊机内的长方体油箱中,仍然需要连接焊枪使用。

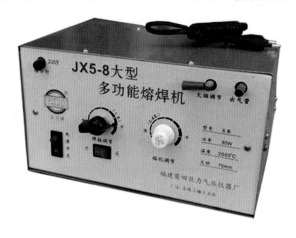

图 9-24 熔焊机

熔焊机外观呈长方体,内部左边大半部分内置的是泵,右边内置的是油箱,箱体右边顶端有注油孔,也配有螺帽。箱体正面面板上有一系列控制开关,控制泵的开启、大小,面板上还有连接焊枪的出气管孔,用软管连接焊枪使用。

(二)激光点焊机

激光点焊机(见图 9-25)是通过脉冲激光的高温瞬间熔化激光束范围内的金属,可以用于补孔、点焊砂眼、修补缝纹、连接精细部件等。它和传统的焊接方式相比具有更小和更精细的焊点、更深的焊接深度、更快速和简易的操作等优势。

图 9-25 激光点焊机

(三)点(碰)焊机

点(碰)焊机(见图 9-26)是采用等离子高频放电的原理焊接金属。闪光亮度高,对眼睛有害,使用时要做好保护措施,在金属的焊口瞬间形成熔池,来达到焊接的目的。点焊机可用于各种金属及其合金的快速焊接,对细的线材的精密焊接可以直接焊接,不用钎料和钎剂,而且焊接时间短(通过脚踏开关控制),被焊接处表面光滑。

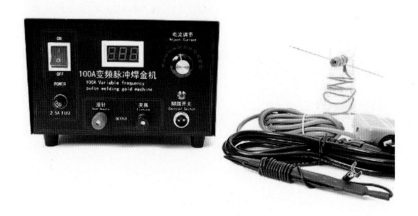

图 9-26   点(碰)焊机

三、胶模制作设备

(一)压模机(硫化机)

压模机(硫化机)用于橡胶模的硫化,首饰压模需要一定的压力和温度(见图 9-27)。压模的压力是通过压模机丝杠带动上压板来控制的,丝杠上设有转盘方便操作。压模机压板内部装有内置发热丝,通过控温器控制温度。

(二)铝框

金属铝合金制成中空的矩形框,矩形直角圆滑(见图 9-27)。模框的长、宽及厚度尺寸要适合于摆放金属样板,根据压模机工作面可以是单框、两框、四框等,与压模机配套使用。

(三)真空注蜡机

真空注蜡机可以自动调压及控制注蜡的起始。传统的真空注蜡机还是需要操作人员手持胶模进行注蜡的,而现代的全自动真空注蜡机常配备机械手来替代手持胶模注蜡的操作(见图 9-28)。只需将胶模放入机械手模框中连接到注蜡机注蜡嘴上,就可以通过数字化设定完成注蜡的全过程。

图 9-27   铝框、压模机

(四)焊蜡机

焊蜡机(见图 9-29)一般温度可调,原理类似电烙铁。通电设定好温度后,焊笔的针头就会加热到设定的温度,熔化蜡模对缺陷进行修整。

图9-28　自动真空注蜡机

50~450 ℃

图9-29　焊蜡机

四、浇铸设备

(一)石膏搅拌机

石膏搅拌机(见图9-30)电机带动搅拌爪转动,搅动容器中的石膏铸粉和水混合均匀,现代比较先进的就是带有抽真空装置的搅拌机。

(二)蒸汽脱蜡机

蒸汽脱蜡机(见图9-31)外观呈箱式,箱内下方容器用于放置水,电加热装置放于容器的水中,水容器的上方有一隔离支架,栅栏状,用于搁置需脱蜡的石膏模(见图9-31)。

(三)高温炉

首饰制作行业用的烘烤石膏模的高温炉(见图9-32),一般为电阻数控型,能实现分段控温。这种炉子一般采用三面加热,也有一些采用四面加热,最高温度可达900 ℃。

(四)真空加压铸造机

真空加压铸造机(见图9-33)由集感应加热系统、真空系统、控制系统等组成,在结构上一般采用直立式,上部为感应熔炼室,下部为真空铸造室。

真空加压铸造机采用底注式浇注方式,坩埚底部有孔,熔炼时用耐火柱塞杆塞住,浇注时提起塞杆,金属液就浇入型腔。一般在柱塞杆内安设了测温热电耦,它可以比较准确地反映金属液的温度,也有将热电耦安放在

图9-30　真空石膏搅拌机

坩埚壁测量温度的,但测量的温度不能直接反映金属液的温度,只能作为参考。

自动真空铸造机一般在真空状态下或惰性气氛中熔炼和铸造金属,因此有效地减少了金属氧化吸气的可能,广泛采用电脑编程控制,自动化程度较高,铸造产品质量比较稳定,孔洞缺陷减少,成为众多厂家比较推崇的设备,广泛用于黄金、K金、银等贵金属的真空铸造。

图 9-31　蒸汽脱蜡机

图 9-32　高温炉

图 9-33　真空加压铸造机

五、镶嵌设备

吊机(见图9-34)又称吊摩打、吊钻,是首饰制作中的主要工具。吊机由悬挂电机、脚踏控速开关、传动软轴和打磨机头四部分组成。

吊机索头(见图9-35)常用的有两种:一种是小头,固定爪夹持直径为2.35 mm 的各种车针及抛光用的小布轮等的夹杆都是这个尺寸,使用时直接将手柄上的开关拨动90°即可打开,放上夹针后将开关拨回原位即可,常用于镶石;另一种是大头,爪夹持内径是可以调节的,通过钥匙插入索头旋转可使三爪索嘴打开和收拢。使用时,将三角爪旋开,放入夹针,然后旋紧钥匙即可,注意上夹针要保证垂直,常用于执模。索头一端通过软轴与电机相连,另一端用于夹持各种车针或抛光轮等辅件,电机的旋转带动索头上的车针高速旋转,对首饰进行加工。

踏板与电机相连,吊机的转速由脚踏开关控制。接通电源后,脚踩踏板时电机开始旋

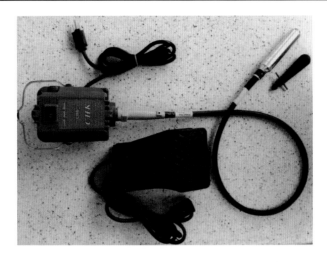

图9-34　吊机

图9-35　索头

转,踩压的力度越大电机转速越快,当脚离开踏板时,电机断电停止旋转。

使用吊机时,先根据加工需要选择适合的车针或其他辅件上紧于索头之上,一般左手持拿工件,右手持拿索头,脚踩踏板,调节合适的车针转速即可进行加工。

六、表面处理设备

(一)喷砂机

喷砂机(见图9-36)使用金刚砂磨料喷打在首饰表面形成亚光效果。首饰加工中常用的喷砂机有以下几种:

图9-36　干喷砂机、湿喷砂机

(1)干喷砂机(空气喷砂)。直接以砂料冲击首饰表面形成亚光效果,加工表面比较粗糙。

(2)湿喷砂机(水喷砂)。在砂料中加入定量的水,使之成为砂水混合物,以减少砂料对首饰表面的冲击力和摩擦力,从而使首饰表面的沙绒面更加均匀细腻,主要用于较细首饰和绒面效果的首饰加工。

(二)超声波清洗机

超声波清洗机(见图9-37)由超声波发生器、控制开关(包括电源开关和定时开关)及容器(机槽)组成。外形有大小之分,但是原理都是利用超声波振荡的机械力,使容器中的清洗剂溶液中产生数以万计的小气泡,这些小气泡在形成、生长和闭合时产生强大振荡力,使材料表面黏附的污垢迅速脱离,从而加速清洗过程,使清洗更彻底、更全面。

图9-37　超声波清洗机

超声波桶内的水位不得高于或低于水位标志线,否则会影响超声波的工作状态,降低清洗效果。水温应加热至70 ℃左右,使其处于最有效的工作状态。物件在清洗时,应挂在细线上,放在水中,这样就可以达到最佳的清洗效果。

(三)滚筒抛光机

滚筒抛光机(见图9-38)由电动机带动滚筒旋转滚动,滚筒内装有滚珠、研磨剂、碎玛瑙等。滚珠与物件在滚筒的旋转下产生滚动,反转研磨,对物件进行抛光,适合纯度高的金银首饰。

(四)磁力抛光机

磁力抛光机(见图9-38)由磁力机旋转带动研磨盆里的磁力钢针飞快地转动。经过顺、逆时针转动和在研磨膏的共同作用下,物件内外表面被全方位地研磨抛亮,尤其是边、角凹陷部位,适合K金、铂金、银饰品粗抛光。

图9-38　滚筒抛光机、磁力抛光机

(五)振动抛光机

振动抛光机(见图9-39)是通过低频振荡使桶内研磨材料与物件之间产生研磨振动,起到抛光的作用。适合抛光金、铂、银材料。

(六)飞碟抛光机

飞碟抛光机类似布轮抛光机,但是转轴为垂直,旋转的不是布轮,而是具有平面和斜边的飞碟状的抛光轮,飞碟水平放置,抛光时涂抹抛光蜡(见图9-40)。

(七)布轮抛光机

布轮抛光机由发动机、转轴、操作仓、吸尘系统和工作抽屉组成,利用发动机带动水平转轴上垂直放置的抛光轮,抛光轮高速旋转对首饰坯件进行抛光,抛光时涂抹抛光蜡(见图9-40)。

(八)首饰蒸汽清洗机

首饰清洗是首饰制作工艺流程的最后一道工序,是首饰质检前一道工序,利用机器(见图9-41)产生的高温高压蒸汽,将压光后的首饰表面彻底清洗干净。

图9-39　振动抛光机

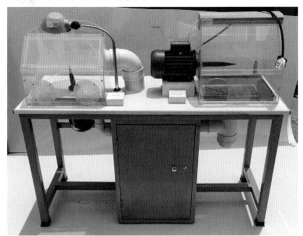

图9-40　飞碟(左)布轮(右)抛光一体机

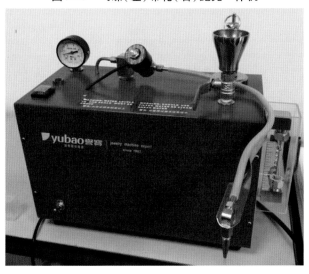

图9-41　首饰蒸汽清洗机

七、冲压设备

冲压机(见图9-42)通过电动机驱动飞轮,并通过离合器、传动齿轮带动曲柄连杆机构,使滑块上下运动,对模具施加压力,使模具内的首饰一次成型。

八、车花设备

车花机(见图9-42)是利用高速旋转的金刚石车刀,切削首饰金属表,形成光亮的接触面,并形成精美的图案。

图9-42　冲压机、车花机

第三节　首饰制作材料

一、焊接材料

(一)硼砂

硼砂(见图9-43)在首饰加工熔炼和焊接中用作助熔剂、钎剂。在高温熔化状态下防止或减少金属的过分氧化,并微量地改善焊缝金属的力学性能或表面的化学成分。焊接时高温热使硼砂熔化,熔化后与液态金属起化学作用,形成了熔渣并向上浮起,同时反应产生的大量还原性气体形成焊口周围的保护层,防止空气中氧气的侵入,从而防止熔化的金属被氧化,使用时根据实际需要可掺入微量的硼酸。

(二)钎料

钎料也称为焊料,熔点比焊接材料低,在焊接时,钎料会先于焊件受热熔化,与钎剂结合后,在焊件焊口处表层产生金属原子的扩散、迁移和重结晶,冷却后将焊件熔合在一起,起到联结的作用,达到焊接的目的。

钎料通常都是合金,贵金属钎料要保证颜色与焊接基体相同,纯度与焊接基体相近。钎料按熔焊温度范围分为高温、中温和低温,一件焊件多次焊接,要先用高温钎料后用低温钎料。钎料形态可以是片状、丝状(见图9-43)、粒状、粉状。

图 9-43　硼砂、丝状钎料

二、胶模制作材料

(一)胶片

现代首饰生产中采用硅橡胶,硅橡胶是硫化的合成橡胶,无毒,突出的性能是在温度范围 −60～250 ℃下能长期使用,而不失原有的强度和弹性。硅橡胶还有良好的抗老化性、电绝缘性、化学稳定性等。硅橡胶流动性很好,可以在较低能耗下模压、压延和挤出。硅胶片柔软,光洁度和韧性都良好(见图 9-44),用作首饰胶模制作。由于上述多种优异性能,它在熟化时收缩变形小,蜡模复制质量高,且使用寿命长。为了加工方便,原料都加工成片状,每一片的厚度常为 3.2 mm,目前用于首饰胶模的橡胶商业品牌为美国的 Castsldo。

图 9-44　胶片

(二)蜡材

蜡材(见图 9-45)是以石蜡为主要原料,加入不同添加剂配制的合成蜡,市场上销售的常被染成绿色、红色、蓝色等颜色以区分它们的性质。一般是蓝色半圆珠状或随形片状,其融化温度在 60 ℃左右,注蜡温度在 70～75 ℃。它具有流动性较好、收缩率小、抗高温变形性强、固化成模时间短、无沉淀物、铸件表面光洁度高、易快速脱模等特点,可反复使用,能完全烧尽而不留残渣。

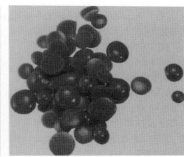

图 9-45　蜡材

三、浇铸材料

（一）钢筒

钢筒（见图 9-46）也称钢铃、钢盅，是不锈钢制的圆筒。离心浇铸用不带孔的钢筒，真空浇铸用带垫肩和孔洞的钢筒，筒壁较前者厚。

图 9-46　钢筒

（二）石膏铸粉

首饰铸造石膏一般使用进口石膏，对石膏模型的表面光洁度要求高。有袋装和桶装两种（见图 9-47）。成分一般为熟石膏粉、方解石、石英砂、还原剂铜粉和炭粉、凝固添加剂等。

图 9-47　石膏铸粉

四、镶嵌材料

橡皮泥:用于摆放首饰分部件、翻石膏模或者宝石镶嵌时固定宝石用,也可用于方便地粘取很小的宝石。

五、表面处理材料

(1)胶。采用硝基清漆和指甲油按1∶1的比例混合均匀,保护不需要喷砂和电镀的首饰表面。

(2)磨料。常用的为石英砂、金刚砂,粒度在0.5 mm以下。按号区分粒度,号数越大粒度越粗。

(3)砂纸(见图9-48)。通常在原纸上胶着各种研磨砂粒而成。通常用来对工件的表面进行打磨,首饰上使用的砂纸一般可选用240#~1200#,进口的砂纸有德国的勇士、日本的世霸、韩国的太阳牌等。

图9-48　砂纸

(4)布轮(见图9-49)。安装在首饰布轮抛光机上使用,分黄布轮和白布轮,用于首饰的粗抛光和细抛光,型号有4寸和6寸。

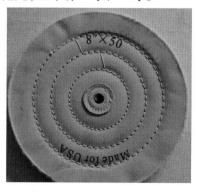
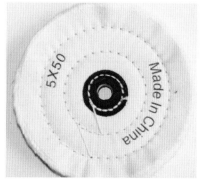

图9-49　布轮

(5)小胶轮、小布轮(见图9-50)。安装在吊机上使用,分别用于单件首饰抛光预处理、粗抛光和细抛光。

(6)抛光蜡(见图9-51)。一般铸成锭状,部分高端抛光蜡会制成棒状。根据用途分为

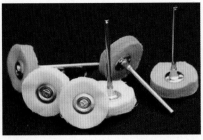

图 9-50　小胶轮、小布轮

粗蜡、绿蜡、中蜡、白蜡、细蜡、红蜡、黄蜡、蓝蜡。

图 9-51　各种颜色抛光蜡

（7）抛光粉（膏）（见图 9-52）。用于首饰湿抛光的粉状或膏状物体。

图 9-52　抛光粉、抛光膏

（8）抛光珠（见图 9-53）。圆形、橄榄形或异形钢珠。

（9）碎玛瑙（见图 9-53）。各种随形、棱角光滑的玛瑙颗粒。

六、清洗材料

（1）中性清洗剂。肥皂水、洗洁精等。主要用于除去首饰表面的油污，可用于首饰佩戴使用一段时间后的清洗。

（2）除蜡水。液态，清除首饰表面和沟槽角落里的抛光蜡。

（3）明矾。晶状体，无色透明，具有玻璃光，具备去污净化能力。通常将 60 ~ 90 g 的明矾加入到 500 mL 水中配制成溶液，明矾溶液可以很好地溶解铜、银等金属氧化物，是一种适用面广的清洗用剂。明矾与金属的反应速度较慢，一般要通过加热明矾溶液的方式加速反应。同时,它是一种安全的稀酸溶剂,对人体皮肤无毒无害。

图 9-53　抛光珠、碎玛瑙

第十章　首饰制作基本技术

一、棒材制作技术

棒材是首饰加工制作中线材制作的基础。

（一）棒材制作工具

棒材制作工具包括铁锤、铁砧、组合焊具等。

（二）棒材制作工艺

（1）方形截面。将材料放于平整的砧子平面上，先锤打出对应的上下两个平面，再转动材料90°，锤打出另外两个面。锤打时力度均匀，间隔紧密有序，一般先锤打出近正方形的截面，再进行细微调整，轻轻锤打成正方形截面。在锤打时要注意每个面的平整程度和面棱线的平直程度，这样才能保证方条对应面和线的平行，避免成 A 形或 V 形。

（2）圆形截面。锤打方形棒材的棱线位置，进行倒棱操作，然后以适中速度一边旋转材料，一边沿棒体方向逐一锤打材料，直至材料表面圆滑，截面形状为圆形。锤打的力度要均匀，被锤打材料弧形应圆润，粗细均匀；旋转材料时与锤子的锤打速度要协调好，太快容易造成错位形态，太慢则易产生粗细不均。

（三）棒材制作技巧

（1）锤打落点准确。锤打方形材料时，落点如果不准确，会导致材料变成方形后直角不直，材料的尺寸不一致。锤打平面时，落点需在凸起位置，否则平面不平整、厚薄有所起伏。

（2）锤打力度合理。锤打时，力度要保持一定的变化。开始离所规定厚度尺寸大时，要使用较大的力度锤打；当与规定尺寸接近时，减小力度。

（3）锤打速度均匀。锤打速度变化，会造成材料厚薄不均匀，速度快的部位材料会变薄，速度慢的部位材料较厚，且容易产生力度不均而造成表面粗细不均。

二、线材制作技术

线材是首饰加工制作中常用的原料。可用作主体材料，如手工制链；亦可用作辅助部件，如耳钉中的耳针。既可以用于现代首饰的造型，也可以用于传统工艺中，如我国传统的花丝工艺。

（一）线材制作工具

线材制作工具包括拔丝钳、拔丝板、拉线机、组合焊具等。

（二）线材制作工艺

（1）将锭状金属原料表层清洗干净，锤打或锻轧成截面为正方形的棒材。

（2）棒材一端放入两个轧辊，其上有一系列由粗到细的凹槽，反复轧制成可以通过拉拔模孔的较细的棒材（见图10-1）。

（3）将前端锤打、锉修成楔形尖状（见图10-2），清洗干净。

图 10-1 压线

图 10-2 锤打楔形尖

（4）把拔丝板插入拉线凳固定槽中，选择适当的线粒孔，将细尖的线端穿过线板上选好的线粒孔，用拔丝钳夹住线尖端，手摇卷动传送带，使拔丝钳拉动线材通过线粒孔进行拉丝（见图 10-3）。注意手摇力度、速度要尽量均匀。

图 10-3 拔丝

如果采用的是电动拉线机，则固定好线材尖端后开动机器，转轴转动带动线材通过拉线板，并直接一圈一圈地缠绕在转轴上。拉线机动力足，转速稳定，尺寸长的线材可直接成捆收集，加工效率和质量都较高。

（三）线材制作技巧

（1）若要将粗线材拉为直径相差较大的细线材，则需注意拉线过程中依次挨号过每道线粒孔，不要跳挡跨号，加工延展性很好的贵金属除外。

（2）拔丝时，线粒孔上可适当加些润滑油便于拔丝的顺滑。拔丝除把粗线拔成细线外，还可以选择不同形状线粒孔拔丝，拔成截面形态各异的线材。

（3）当总的加工次数多，也就是线的直径改变较大时，要根据金属的性质不同，进行一次或多次的退火操作，以防金属丝加工硬化断裂。

三、片材制作技术

片材是首饰加工制作中最常用的原料,常作为造型主要的基体材料,亦可作局部造型的材料或者是辅助部件。通过一些展开形的片材制备,可以变形组合成首饰的一些常用部件。

(一)片材制作工具

片材制作工具包括锤子、压片机、牛角砧、窝砧、组合焊具等。

(二)平面片材制作工艺

(1)敲打。传统的金属片都是由锤打制成的。将材料放于铁砧上,以适当的力度用铁锤平面处锤打材料一面,同时材料的另一面受到铁砧的挤压由厚变薄,直至材料达到厚度要求。如果材料的展薄程度较大,可以先用大力,展薄材料到接近需要的厚度,再用适当的力,锤打至要求厚度。注意整片材料的展薄,锤打力度要均匀,间隔要紧密有致。

(2)压片。由压片机两个对向旋转运动的不锈钢轧辊将金属板咬入,调整轧辊缝隙后进行压制。根据轧辊运动的动力分为电动压片机和手摇压片机。电动压片机动力较大且轧辊转速均匀,所以压制的金属片材平整,下压量较大;手摇压片机由于采用人力摇动摇杆使轧辊运动,均匀度有波动,所以压制的金属片平整度不如电动压片机,因为力量有限,所以每次的下压量也较小。

(三)曲面片材制作工艺

曲面片材的制作工艺是将平片材料借助各种垫材配合,锤打变形得到的。

1.曲面片材的制作

利用羊角砧的"羊角"或坑铁的坑位辅助,锤打出曲面片材制作(见图10-4)。

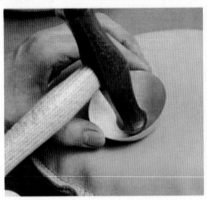

图10-4　曲面片材制作

2.窝片的制作

窝片为圆形或椭圆形的凹凸金属片。将平片材料裁剪为圆形或椭圆形后,放置于窝砧或者坑铁的窝位上,注意选择的窝位直径要与所裁圆(椭圆)片直径相当,然后用窝作或者圆头锤将金属薄片锤打压入窝位,即形成所需窝片(见图10-5)。

(四)片材制作技巧

(1)在使用压片机压片的时候,要注意根据金属的塑性选择合适的下压量,也就是轧制的轧辊缝隙要调节适当,每次压片时下压距离不宜太大,要压制厚度相差大的片需经过多次压制,逐渐压制到所需厚度。

图 10-5　窝片的制作

（2）根据压片的金属性质，要在多次压制过程中进行适当的退火，以减轻或消除变形产生的加工硬化。

四、管材制作技术

（一）管材制作工具

管材制作工具包括平锤（胶锤）、坑铁、圆钢、拔丝钳、拔丝板、组合焊具等。

（二）管材制作工艺

（1）以所要制作的管的内周长值为片材宽度，裁剪与管材长度相同的金属片，前端剪成斜边，以便后续的脱管。

（2）选择与所要制作的管直径相当的坑铁坑位，深度等于直圆钢内径，把裁好的金属片放于坑铁上。

（3）在直圆钢上涂少许润滑油后放在金属片上，用锤敲击圆钢把金属片压入坑位（见图 10-6）。

图 10-6　金属片压入坑位

（4）用胶锤锤打圆钢上侧边的金属边贴向圆钢，与圆钢敲打紧密贴合形成管。

（5）用钳子夹紧金属片斜边，把圆钢从制作好的金属管中拔出。

（6）将管材通过拔丝板，拉成合适粗细的管材。

五、线锯使用技术

(一)概述

(1)锯条选择。要根据所加工金属的性质和工序来选择锯条,一般比较硬而薄的材料或者是精细部位的加工,选用细齿的锯条,而性软且厚的材料或者粗加工选择粗齿的锯条。

(2)将锯条锯齿朝上,先将一端无齿部分夹紧于线锯一端的蝴蝶旋钮上。

(3)将线锯弓背前端顶住工作台边缘,将弓柄置于胸前,以适当的力抵住,使线锯两端受压而弹性缩短,将未夹持一端的锯条放于蝴蝶旋钮中夹紧,慢慢移开身体,线锯自然将锯条拉紧即上好锯条。锯条安装后要松紧适度,太松不易锯出直线,太紧容易崩断锯条(见图10-7)。

图10-7　安锯条

(4)下锯条的方法。将弓柄置于胸前,锯弓前端抵住工作台边缘,旋开任意一端蝴蝶旋钮松开锯条,然后手持线锯将另一端锯条卸下即可。

(二)线锯使用方法

不管是用哪一种方法,在使用线锯加工时都要保证锯条的锯齿方向朝下运动做功,运动方向以竖直方向为主,根据加工材料的厚度和软硬稍有倾斜。

(1)上手握柄法(见图10-8)。手柄位于加工工件的上方,通过上下拉动锯条,以下推力为主,来对材料进行锯切。该方法的特点是操作过程中灵活、快速,但是由于手部及手前臂始终处于抬悬状态,所以长时间加工时容易产生疲劳。

(2)下手握柄法(见图10-8)。手柄位于加工工件的下方,通过上下拉动锯条,以下拉力为主来对材料进行锯切。该方法的特点是由于手臂悬于下方,长时间操作手部不易疲劳,且加工过程中由于没有被手遮挡,容易看清楚工件和锯切方向,但下拉过程中不容易保持一个方向竖直来回运动,容易产生各方向的波动和锯条的倾斜。

(三)线锯使用技巧

(1)锯切过程中,注意要保持锯条与金属片平面的垂直,要随时观察线锯的锯切走向,尽量贴近画线位置稍留余量进行锯切,不能将余量留得太多,否则后期锉修费时耗力且造成对贵金属的浪费;要根据锯切的形状灵活地转动手腕来改变行进路线;如果在锯切过程中偏离画线太多,则要随时进行修正。

(2)要锯除中空部分(镂空),则须先挨着画线,靠要锯除的部分打一小孔,穿过锯条后,上紧线锯条后锯去(见图10-9)。

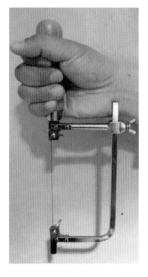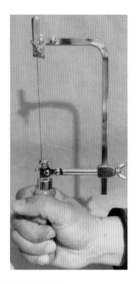

图 10-8　上手握柄法、下手握柄法

图 10-9　镂空锯法

（3）锯切遇到折点时，需要小角度地缓慢转锯，切不可急转折断锯条。

（4）锯切过程中，若要退出或者因手部疲劳需要休息等停止锯切，需将工件移至锯条两端无齿部分，否则容易使锯条卡住而折断。

（5）推拉锯弓的动作要柔和、连续，锯切的频率为中速，锯条要尽量拉满，保证锯齿的损耗一致，有利于延长锯条的使用寿命。锯切过程中，如果出现卡锯条，不可扭动线锯，要按照下锯条的方法，扭松线锯一端的蝴蝶旋钮，抽出锯条。

（6）为了保持锯弓拉动顺利，可以在锯条上涂抹蜡或者在肥皂上拉蹭进行润滑。

六、锉刀使用技术

（一）锉刀使用方法

因为加工工件较小，需用手持并随时调整，一般锉修为单手操作。将锉柄放于右手拇指下的鱼际处握好，右手食指伸直压住锉身，左手持工件下部紧靠工作台台塞，固定进行操作（见图 10-10）。

（二）锉削方式

（1）平锉法。适用于金属表面的锉修平齐。平面锉保持水平进行整体推锉。在整体修

图 10-10　锉刀的使用

平时,首先要尽量使用较大的平面锉,最好平面锉的锉面大于需要平齐的金属表面。同时,不要让锉长时间在一个局部反复锉修,要从头到尾匀力推锉(见图 10-11)。

(2)滑锉法。适用于外弧的金属表面。平面锉处于推拉式运动锉修状态中,将顺着外弧面进行锉修;同时逆方向旋转金属件进行修整。采用这种方法可以锉修出一个外弧面(见图 10-11)。

(3)旋锉法。适用于内弧的金属表面。使用弧面锉或半圆锉的弧面,一边锉自身进行小角度的来回旋转,一边顺着金属件内弧面进行滑动锉修(见图 10-11)。

图 10-11　平锉、滑锉、旋转锉

(三)锉刀使用技巧

(1)在锉修过程中由于锉始终是在运动的,所以要得到均一的锉修效果,就要求在运动过程中手的用力要均匀,保证锉削的量相当,从而不会产生面的倾斜和起伏。

(2)锉削虽然是往复进行的,但是产生切削的主要是推进的方向,要利用整个锉身的各部分锉齿对工件进行锉削,也就是每次往复运动的锉程要尽量长,往复的频率适中,这样既可以防止锉刀某个部分的过度使用而导致锉齿过早钝化,又可以减轻手和手臂的疲劳感,并且锉修的效率较高。

七、砂纸打磨技术

首饰在铸造、焊接、执模、镶嵌等生产环节中,不可避免地会出现诸如多余水口、边锋、砂眼、表面不平、锉痕、铲痕等金属表面缺陷。砂纸打磨主要是去掉首饰表面锉痕和其他细微痕迹,提高首饰表面光洁度,达到抛光的要求。

(一)砂纸制作方法

1.砂纸棒的制作方法

在整张砂纸上裁取一定长、宽的砂纸条,宽度一般为机针的 2/3;将砂纸条在桌沿拉弯曲方便使用;将砂纸插入砂纸夹上的缝隙,并卷厚卷紧,砂纸卷曲的方向应该与吊机旋转方向相反,用胶带固定后端就可以使用了;砂纸棒(见图 10-12)在外层磨损后,可以剪去外层砂纸,露出新的砂纸层继续打磨。

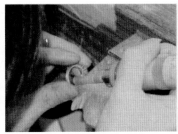

图 10-12　砂纸棒

2.砂纸尖的制作方法

在整张砂纸上裁取一定长、宽的砂纸条,宽度一般为机针的 2/3,将砂纸背面斜向上剪,剪去右下角;砂纸背面以右上角为锥尖,推卷成喇叭状;捏扁锥尾部,锥尾剪成三角状;将剪出的三角尖塞入砂纸尖内(见图 10-13)。由于砂纸尖头部的砂纸较薄,损耗快,建议一次制作多个砂纸锥以方便替换。

图 10-13　砂纸尖

3.砂纸飞碟的制作方法

剪取一小正方形砂纸,旋开砂纸夹针螺母,在正方形砂纸背面中心穿透,拧紧螺母,使得砂纸不能旋转;装好针头,轻踩踏板旋动,取一钢针,针头倾斜接触砂纸,利用砂纸的抛削力将钢针磨尖;两手分别握紧、稳定机头及钢针,踩踏踏板快速旋转砂纸。将针尖垂直接触砂纸片背面,并不断增加接触压力,即可划出圆形的砂纸薄飞碟(见图 10-14)。

图 10-14　砂纸薄飞碟

4.砂纸板的制作方法

取一方木条,将砂纸包裹在长木条表面,砂粒向外,然后用透明胶粘贴牢固,用砂纸条代替细锉使用,适合处理首饰平面部位(见图 10-15)。

(二)砂纸的安装

根据对工件不同部位的打磨要求,可使用砂纸棒、砂纸板、砂纸尖、砂纸飞轮等进行打

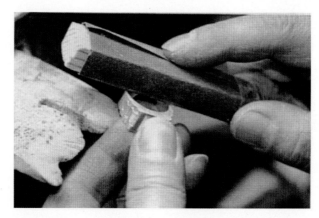

图 10-15　砂纸板

磨。砂纸卷棒、砂纸尖、砂纸飞轮可安装在吊机上进行打磨,砂纸板可包裹在平直板条上。

(三)砂纸的使用

首饰的构架可分为平面、内外弧面、直角位、段位、孔位、沟槽、圆弧凹凸面等。大平面位置的打磨可使用砂纸板进行打磨,大外圆弧可选用砂纸板或砂纸棒进行打磨,内圆弧面可选用砂纸棒,外直角位、段位可选用砂纸板、砂纸飞轮,孔位中、圆弧凹凸面可选用砂纸尖进行打磨,沟槽可用砂纸尖、砂纸飞轮进行打磨。

(四)打磨操作步骤

打磨是首饰加工工序中的后期环节。它是对工件前期制作所遗留下来的痕迹进行打磨做细,与抛光工序做有效的衔接。

先用较粗的砂纸(320#)除去先前工序中钳子、锉刀等遗留下的痕迹,再换较细的砂纸(600#)除去粗砂纸留下的痕迹,而后可选用细砂纸(1200#)进行细加工。

八、退火技术

退火是热处理的一种,是将固态金属或合金用适当的方式进行加热、保温和冷却,以获得所需的组织结构与性能的工艺。

金属材料在受到锤打、压片、拉丝等机械变形后,都会使金属材料内部结构畸变而产生加工硬化。为了消除加工硬化,防止金属脆裂,需对金属进行适当的退火处理。

退火是将金属工件加热至适当温度(高于材料再结晶温度),保持一定时间后缓慢冷却的工艺。经过退火,可改变材料的组织结构,消除材料由于各种原因产生的应力,降低材料的硬度和脆性,提高塑性,改善材料的切削加工性能,以便后续塑性变形加工。

九、焊接技术

焊接是在首饰加工和制作过程中常用到的一门技术,不管是首饰的组合,还是对缺陷的修补,或是对首饰的改款,都需要焊接来帮助完成。焊接是一种牢固地将两个独立的首饰部分连接在一起的工艺方法,焊接过程是利用加热等方法使金属在熔化状态下通过原子的结合与扩散作用,使两部分金属熔合在一起,所以它是一种永久性的连接方式。

首饰加工中最常用的是火焰焊,根据是否添加钎料,分为熔焊和钎焊,熔焊适合纯金属的焊接,钎焊适合合金的焊接。现在随着首饰业的发展,比较尖端的科技开始应用到首饰加工与生产中,激光点焊就是其中之一,但是由于其设备较昂贵且体积较大,所以普及程度还不是很高。

(一)焊枪的点火

在点火前要向油壶中添加燃料,添加原则是少量多次,每次10 mL左右,使用大焊枪可以适量多加,使用小焊枪要少加;火力的大小取决于风球压入的气体与油桶内蒸发的燃气混合量的多少;如果油壶汽油超过油壶容量的1/3,反而减少了油气混合空间,增加了液体油直接被空气带入喷枪,造成喷油的危险,需将汽油先倒出后再行添加。检查各连接点确保连接牢固通畅。

(1)将焊枪放近耳边,用脚轻轻地踩踏风球,注意焊枪嘴朝外,不要对着耳朵。

(2)听到焊枪出风响声平稳时,将焊枪嘴朝下,连续地轻轻踩踏风球供气,将焊枪嘴靠近点火器点燃,注意点火时不要对着易燃物或者其他人。点燃焊枪后仍需不停踏压风球,保持燃烧,脚踏风球点火时不要用力太急,否则点燃喷出的火焰太大容易造成危险。

(3)如果在踩踏风球时听不到声响,需调节焊枪上的控制开关,直至听到声响,如声响大,调节控制开关,适中后方可点火,同时说明脚踏风球的力度太大,需要减小踩踏力度。如果完全旋开控制开关后始终听不到焊枪嘴发出的响声,可能是出现了漏气或者焊枪嘴堵塞的情况,需要仔细检查调整得当后点火。如果听到响声但无法点燃,则可能是油壶中油量不够或废油含量多,须补足燃料或换新燃料。

(二)焊枪的熄火

焊枪熄火首先要停止踩踏风球,停止助燃,同时关闭焊枪上的控制开关,切断气源,焊枪就会熄火。

(三)焊枪火焰的温度

火焰的最外层称为外焰,助燃无力时通常呈现黄色,加热温度不高,而助燃有力时呈现透明的蓝色,加热温度升高;外焰内部是内焰,内焰由最内侧中心透明的淡蓝色火焰和与外焰之间明亮的蓝色火焰组成,其中与外焰相邻的内焰加热温度最高,中心的内焰次之。

在调节用火时,要获得高温火焰,首先应尽量调节出全为蓝色火焰,这种火焰加热温度最高;再者使用火焰时,要用火焰的中间靠外焰的部位对焊件进行加热,因为那里是火焰中加热温度最高的地方。

(四)用火类型

在用焊枪时,可以根据加热要求通过焊枪控制开关调制出不同强度的火焰,常用的火焰类型有如下几种:

(1)聚火(见图10-16)。俗称毒火,指焊枪嘴喷出的火焰凶猛激烈,全青色,外形粗壮,常伴随刺耳的风啸声。它是通过强力助燃,踩踏风球到底,踩踏频率较快,或是熔焊机开到最大档次调节焊枪控制开关获得的。聚火加热温度很高,可以快速熔化钎料,焊接较大的焊接部位,也适于熔化金属进行首饰浇铸。

(2)粗火(见图10-16)。指焊枪嘴喷出火焰充足而急速,全青色,外形粗壮,出火声较嘈杂。它是通过用充足的燃料,并助燃有力(没有聚火助燃力度大)调节焊枪控制开关获得的。粗火的温度高,可以用于大型饰品的预热加温,也适于熔化金属进行首饰浇铸。

(3)细火(见图10-17)。指焊枪嘴喷出火焰细软而迅疾,全青色,外形细长,伴有"吱嘘"声。它是通过少量的燃气和有力的助燃调节焊枪控制开关获得的。细火的温度也较

图 10-16　聚火、粗火

高,优点是火焰范围小,适于细小部位的焊接。

(4)散火(见图 10-17)。指焊枪嘴喷出火焰大而松散,外焰可呈黄色。它是通过轻微的助燃,将焊枪控制开关旋至最大,让混合气体全部通过而获得的。散火的温度较前面几种低,适于工件的保温。

图 10-17　细火、散火

(五)熔焊工艺

熔焊指通过加热两个待焊部位的焊缝,使其达到局部熔化状态,形成一个微熔液层,液体相互融合,冷却凝固。适合自熔性良好的纯金属的焊接,无须钎料,保证了金属的纯度。

(六)钎焊工艺

钎焊是采用比母材熔点低的金属钎料,将母材和钎料加热到温度高于钎料熔点、但低于母材熔化温度之间,利用液态钎料填充接缝间隙,并与母材在分子级别上相互扩散,实现金属连接的方法。

1.焊接工序

(1)焊接口(点、线或面)要用锉刀进行锉修,让焊接的两端对齐契合,再者锉修掉表面的氧化层。

(2)在焊接口(点、线或面)涂少量硼砂水,范围不可涂得太大,因为钎料熔化后会顺着涂有硼砂的部位流淌。

(3)准备好钎料,先根据含金量、熔点等因素选择品种,再根据具体的焊接情况选择形状,可以是焊片裁剪获得,适于点或面的焊接,也可以是焊丝截取获得,适于点或线的焊接,还可以将钎料用干净的锉刀锉成粉状拌在硼砂水中呈泥状使用。钎料准备的量要适中,不能太少填不满焊口,也不宜太多在焊接处形成凸起,造成浪费且后期锉修麻烦。

(4)用焊枪预热被焊接物件,然后集中加热需焊接部位,细小部位要调至细火,加热至一定温度后(通常呈红色,比钎料温度略高),用焊夹取适量的钎料放于焊口处,如果是大面积的焊接,钎料要提前放于焊口处,钎料受热先到达熔点熔化并顺着间隙流入焊口,流入充分后(即焊缝中充填满液态钎料),快速将焊枪移开并熄灭,稍后将焊件放入水中冷却。

(5)如果钎料较长时间还不熔化,可能由于表层形成了难熔的氧化层,必须熄掉焊枪,重新从第一步做起。如果钎料与焊件熔点相差不大,一定要眼疾手快,掌握好撤火时机,以免让焊件也熔化而造成变形。

(6)将焊件略微加热放入稀酸中浸泡几分钟进行酸洗,然后用镊子取出用清水冲洗干净,晾干后对多余的钎料和焊件进行锉修,至此完成整个焊接工序。

2.焊接质量

(1)焊接处有无假焊(表面覆有一层钎料,外观看上去似焊接好了,但是内部是中空的,钎料没有流入充填,焊口太窄或者硼砂水涂刷不到位造成)或虚焊(焊接处钎料没有充填完全,过早撤火导致钎料没有流到位就凝固,或者过晚撤火,液态钎料由于重力作用漏下导致表面凹陷),如果有,必须锯开或剪开焊口,锉掉钎料,从第一步重新开始焊接。

(2)焊接处光顺,没有未完全熔融的钎料疙瘩或者下漏的凹陷;焊接要牢固,要尽量与焊件形状及表面效果一致。

3.焊接技巧

1)小焊大

当要将小部件焊接到大部件上时,一般先将钎料烧熔到大部件的焊接位置上,待钎料熔融,立刻将沾有焊剂的小部件贴入焊钎料中。注意,加热时不能同时加热两个部件。由于部件小,加热后很快就会发红。钎料会流向温度高的地方,同时加热的情况下,小部件温度一定会高于大部件,容易使得钎料大部分引入到小部件上,以至焊口处失去过多的钎料,致使焊接失败。而且在掌控不好的情况下,过多的焊剂附着在小部件表面,严重的会将小部件的造型湮没掉。所以,应该主要加热大部件,让钎料在大部件焊接处保持熔融状态;当准备将小部件贴近的时候,再让小部件在火焰中迅速提升到焊接温度,即刚刚开始变红时,立即贴入钎料中,保持小部件的稳定,同时撤枪完成焊接。

2)大焊大

当要将大块的部件与大块的主体或是其他大部件相连时,可以先加热大块部件,将钎料熔融布满整个大面积焊接口。冷却后,将该部件放置在需焊接处,绑紧固定牢固。大火整体加热两大块金属,使热量均匀地传递到整个大工件内,保持必要的温度。当达到钎料熔融温度时,钎料会流出焊缝,这时可以用镊子轻轻下压部件,尽量挤出多余的钎料,当钎料布满整个焊缝后撤火。

十、激光技术

激光具有发光具方向性、极高的亮度、颜色单一纯度极高、极大能量密度的特点。

(一)激光打标

在首饰上经常要刻上一些标志或者是图案,例如成色印记、首饰生产单位商标等。用激光在首饰上刻印,需在电脑中设定好激光行进的路线(要刻印的内容),利用激光束的高能量对需要刻印位置的金属进行熔融气化,从而留下"刻痕"产生图案。可以控制激光束的直径到非常微小,在很小的区域($1\ mm^2$)里进行精致的刻印,刻印的深度可控(深度不大,一般为零点几毫米),大大提高了刻印的质量和效率,降低了人工刻印的难度。

(二)激光焊接

利用激光熔融金属的原理,对首饰中很细小的部位进行焊接,例如机制链圈断开的焊接。在首饰生产中常常利用激光焊接来修补首饰在浇铸过程中产生的砂眼。激光束可以调节到微米的级别,而且蕴含的能量相当高,熔融金属不过瞬间,有时不需用钎料便可让被焊金属通过微区的快速熔融焊合成一体。首饰用激光焊接机需要操作人员双手持拿首饰件,对准显微目镜中的十字中心线来操作,操作在仓体中隔着防护罩进行,激光束的射出通过脚踩开关来控制(见图 10-18)。焊接前,操作人员要根据经验来设定一个激光脉冲(持续 1~20 ms)的激发能量,最好能一次激发完成焊接;能量不够则需要再次激发,多个脉冲才能完成焊接,能量过大则会击穿首饰留下孔洞。

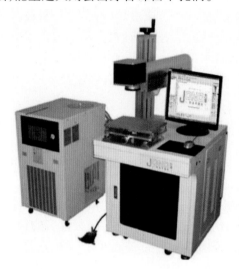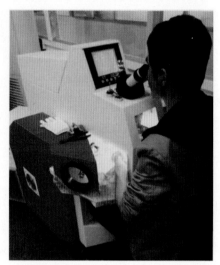

图 10-18　激光打标、激光焊接

十一、冲压技术

冲压技术指常温下,在冲压设备上通过机器压力挤压上下模具之间的薄板材而加工成零件(冲压件)的过程,冲压使用的模具尺寸精细,外形复杂(见图 10-19)。冲压不改变材料的性能,成型后一般不需再进行机械加工,是一种较低成本的制造工艺。按照冲压时的温度情况有冷冲压和热冲压两种方式。冲压工艺大致可分为成形工序和分离工序两大类。

(一)成形工序

成形工序是使冲压坯料在不破坏的条件下发生塑性变形,并转化成所要求的成品形状,同时应满足尺寸公差等方面的要求,又分弯曲、拉伸、成形等,通过冲压使模具图案深深刻印在板材上,常用于首饰配件的批量生产。冲压可以提高表面硬度,使之更加耐磨,而且冲压的首饰表面光亮,但是冲压对模具的损耗仍然较大,以及首饰纹饰的变化丰富(需要制作不同图案的模具),都会造成生产成本较高,所以冲压工艺适用于一些传统的首饰配件制作(见图 10-19)。

(二)分离工序

分离工序是在冲压过程中,使冲压件与坯料沿一定的轮廓线相互分离,同时冲压件分离断面的质量也要满足一定的要求,又分落料、冲孔、切割,进行后期加工组合。

图 10-19　冲压首饰作品

十二、车花技术

车花是利用不同花样刀口的金刚石铣刀,在首饰表面铣出闪亮的切削痕,并通过设定待车花首饰部位的角度间隔、行进方向和深度等来配合对首饰表面进行切削,从而产生组合花纹的一种首饰表面的机械加工工艺(见图 10-20)。

图 10-20　车花首饰作品

十三、喷砂技术

喷砂技术是以净化的压缩空气混合高硬度的磨料猛烈喷刷首饰表面,使首饰产生粗糙表面,对光漫反射后产生各种非光亮的粗糙度不同的亚光效果(见图 10-21)。

喷砂工序如下:

(1)要先在首饰表面画好要喷砂处理的区域,将不需要喷砂的首饰部位涂上一层厚厚的调制好的胶,用刀片小心地将涂抹超过边界的胶刮除掉,刮胶时注意不要刮伤首饰表面。

(2)根据要喷砂得到的效果,选择好磨料加入喷砂机中,旋紧封盖,接通电源,调节适当的压力(气压、水压),质地软的金属压力要小一些。将双手伸入喷砂罩戴好胶质手套(水喷砂可以直接用手操作),一只手持拿工件,另一只手持拿喷砂枪,然后用脚踏动开关,喷枪嘴对准工件待喷砂部位均匀地沿一个方向喷砂,操作过程中注意观察沙绒效果,达到要求后停止喷砂。

(3)取出首饰,表面干燥后用有机试剂溶擦掉涂层,洗净吹干即可。磨料要经常清洗才能反复使用,否则首饰表面可能被污染呈暗色。

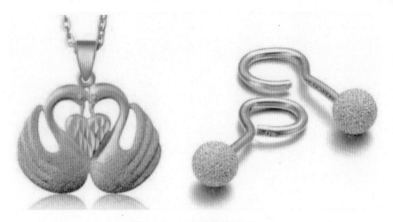

图 10-21　喷砂首饰作品

第十一章 首饰失蜡浇铸工艺

首饰失蜡浇铸工艺也称熔模精密铸造工艺。众所周知,纯手工制作的产品每一件都是独一无二的,要实现同一款首饰的批量化生产,只有通过首饰失蜡浇铸工艺实现。失蜡浇铸工艺依靠首饰阳模和阴模的多次转换,提高了首饰制作效率,降低了首饰制作成本,为首饰商业化推广和普及提供了最佳的途径。

我国是最早使用失蜡铸造法的国家之一,古称失蜡法,最早是用于制造青铜器。方法是先用蜂蜡做成要浇铸的器件的模型,然后用一些耐火材料将做好的蜂蜡模型敷上一定厚度的外壳,称为外范。外范固化后对其加热烘烤,蜂蜡模型就会全部熔化流出,这样外范就形成一个模型空壳。最后对金属进行加热,熔化后浇灌到外范中,待金属液体冷凝后,去除外范便铸成了与蜂蜡模型一模一样的金属器物。在现代首饰生产中,采用了失蜡法的铸造原理,改善了工艺流程和工艺材料,行业内称失蜡浇铸。

一、起版工序

起版工序又称为制版工序。起版就是根据首饰设计师的设计稿,通过锯切、锤打、焊接、锉修、打磨、抛光、雕蜡、3D打印等工艺技术,把原材料制作成与设计图相同的实物样板(即原版,一般做好镶口,不镶嵌宝石于原版上)。通俗点说,最后的首饰都是由这一个原版复制出来的。它是首饰生产的源头,起版的质量关系到后续生产的多个环节,是一个首饰生产的核心环节。起版的方式有以下几种。

(一)银合金版

925银合金具备良好的机械加工性能和化学性能,既具有一定硬度,又具有一定韧性,所以现代首饰生产中常用925银-铜合金作为起版的材料。

起版的工序根据具体的首饰有所不同,根据起版师的习惯和经验也有所差异,但是总地来说,一般是先在版材上根据设计画样,然后用线锯锯出外形,需要镂空的地方也锯除,精细部分的加工通常用各种吊针进行车削,用各种辅助工具进行加工,根据情况对饰品进行掏背、开窗等。对于款式比较复杂的饰品,要先进行分件处理,各部件加工好以后进行固定和焊接组合。各加工环节适时进行锉修整形,最后对整件饰品进行砂磨完成样版的制作(见图11-1)。

(二)雕蜡版

起蜡版工序常称为雕蜡,制作金属版技术要求较高,且比较费时耗力,修补起来也较麻烦,因此现代首饰生产中常采用起蜡版来提高生产效率,弥补金属版的一些局限性。起版用蜡材要求有较高的熔点,要耐150 ℃以上温度,质地根据加工的要求有软、硬两种。通常为绿色,形制常见的有管状、柱状、砖状、片状等。

因为蜡质地软,所以主要通过雕刻,配合车、钻、刨、刮等方式制作成样版,蜡雕师常自制各种形状的雕蜡刀来对蜡版进行加工制作(见图11-2)。蜡版比金属版的制作容易许多,且可制成非常随意的作品,但缺点是对精细部件制作较难。

图 11-1　银合金版

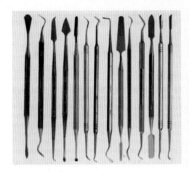

图 11-2　雕蜡刀、蜡版

(三)3D 打印蜡版

3D 打印蜡版是现在首饰制版的主要方式,主要通过计算机进行设计,利用 3D 快速成型机打印出设计的立体图案,产品为蜡模(见图 11-3)。

图 11-3　3D 打印蜡板首饰

手工蜡版和机器打印蜡版最后都要经过翻模,制作成银合金版。

二、银合金版的要求

(1)将设计师的设计图转化为银合金版,设计师的设计稿也要求表达清楚结构关系,最好能有三视图,大小比例也基本按照实物1:1大小来绘制。因此,起版师才能遵循设计师的图稿,严格按图纸标注的比例制作。

(2)最后制作出的银合金版必须与图稿一致,造型匀称,线条流畅,棱直角锐,无瑕疵,表面必须打磨光顺便于后期脱模及保证翻版表面光滑。

(3)由于后期翻模铸造的工艺限制,银合金版要留有收缩余量,收缩余量为10%左右。太纤细的部位翻版浇铸时易断且无法打磨,一般原版中最细最薄部位的尺寸要求0.38 mm以上,才能较好地满足后续的生产和加工。

(4)根据市场需求、经济成本、佩戴舒适性、牢固性和利于生产的原则,对首饰银合金版进行合理的"减重"或"增重"。

三、胶模制作工序

胶模制作过程在行业内也被称为割胶。

(一)工艺材料和设备

工艺材料和设备包括胶片、压模机、铝框、手术刀、剪刀、镊子等。

(二)工艺流程

(1)焊接水口。在首饰铸造中,由于没有设置冒口对工件进行补缩,因而水口既成了金属液充型的通道,又需承担型内首饰凝固收缩的补缩任务。水口数量有单支、双支、多支等,取决于工件的大小和工件的结构。水口应连接到铸件最厚的部位。水口形状为圆柱状,以减小表面面积,降低冷却速度,直径不小于工件厚度,长度适中。水口应与工件以圆角连接,使金属液充型平稳。

(2)清洗原版。将焊好水线的样版多余的钎料去除,打磨光顺,再用有机溶剂(四氯化碳、三氯乙烯等)清洗干净。

(3)放样。依据首饰大小选择适合的压模框,将选好的压模框放置于一片铝垫板上,先将1~2层胶片填入压模框垫于底部并压紧,再将原版套上水线座后水平放入模框,注意原版各个边缘部分距离模框的尺寸一般要大于或等于1/8英寸(1英寸=2.54 cm)。

(4)填胶。将生胶片根据首饰外形大致剪裁,填入模框中原版的四周,原版若有中空部分需要将胶片剪碎后填满,然后在原版上再铺上2层胶片,整个高度高于模框2~3 mm,最后将另一块铝垫板放置于压模框上。操作过程中一定要保证胶片的清洁(见图11-4)。

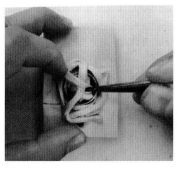

图 11-4 填胶模

(5)硫化橡胶。把装好胶片的模框用铝垫板夹紧后放入压模机中加热、加压(见图11-5),温度152 ℃,加压旋紧2~3 min/次,一般重复3~4次,热压时间根据胶片数量来计算确定,一般为每层胶片熟化时间为 7.5 min,一般热压时间在 40~80 min,经过热压后胶片固化为有弹性的、封闭为整体的熟胶模块。

(6)割胶。热压好的胶模在室温下冷却 20~25 min后,用手术刀蘸水(减少摩擦),先要从水口位置开始沿胶块最大分型面在胶模侧面割开一圈,在胶模四周要采用定位钉(可以是圆柱钉或四角钉)或波浪形的凹凸槽来定位。在割开中间部位的原版时,从水口朝原版缓慢割开,要根据先前了解的原版各部位的情况小心割开,割至原版位置时注意要尽量沿着原版的边部而不要在原版表面和精细部位割开(见图 11-6),胶模被完全割开后取出原版。

割胶工序是制作胶模工序中最核心最具技术性的步骤,割胶师要先将原版各个部分清楚地记忆下来,再针对原版的不同情况定制割胶位序和手法,而且割胶的位置和手法能保证后期蜡模的高出成率和高质量。

(7)修补胶模。由于填胶的不充分,或者热压中空气的残留及割胶手法不当,会使胶模产生一些缺陷,在割胶完毕后可以用修模笔熔化胶片来修补不完善的地方。

(8)为了后期注蜡时空气顺利排出,要在胶模四周画好气线,常围绕原版空腔呈放射状,制作好的胶模要扑上滑石粉放于阴凉的地方摆放。

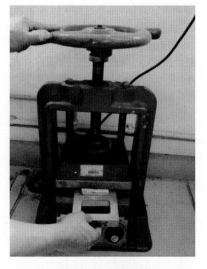

图 11-5　压胶模

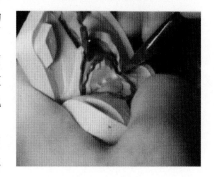

图 11-6　割胶模

四、蜡模制作工序

(一)工艺材料和设备

工艺材料和设备包括蜡材、真空注蜡机、焊蜡机、手术刀等。

(二)工艺流程

(1)准备蜡材。传统工艺中为保证后期浇铸的蜡模质量,先要将蜡材加热熔化均匀,滤掉蜡材表面的灰尘渣滓后装入注蜡机,如果是无沉淀物的新蜡材,则可以直接倒入注蜡机仓体中。根据季节冷暖差异,寒冷季节要选择软一点的蜡材,而潮热的季节要选择偏硬一点的蜡材。

(2)把蜡材放入注蜡机后盖上机盖,调整好压力 0.5 kgf/cm² 和熔化温度 75 ℃,蜡材熔化充分后可以开始注蜡。

(3)注蜡前需在胶模中扑上少量滑石粉便于后期取蜡模,还要对胶模抽空气,注蜡时用两片铝板或有机玻璃板夹紧胶模,两手水平持拿以胶模的水口座位置对准注蜡机喷嘴,脚控开关踩下时注蜡开始(见图 11-7),当注蜡机的指示灯熄灭时蜡模就注好了。如果有机械手,则将胶模放入机械手模框内压紧,并与注蜡机喷嘴连接后打开开关即可按照设定的数据自行注蜡。

（4）注好蜡的胶模放置2~3 min后取出蜡模，时间不易过早，过早注蜡较软，开胶模时蜡模易变形；冷却时间也不能过晚，过晚注蜡会因冷透而变脆易碎。取蜡模时先开上模，因为胶模有很好的弹性，一只手扶持蜡模，另一只手稍弯下模即可取出（见图11-8）。

图11-7　注蜡　　　　　　　　　　　　　图11-8　取蜡模

（5）检查蜡模质量，如有飞边、气泡、断爪、砂眼、塞孔等缺陷，用焊蜡机熔蜡进行修补；若有多余部分，如披锋、夹层等，则用刮刀刮除；修蜡模时还可以用焊蜡机改指圈，焊好后用刀片修整焊缝即可（见图11-9）。

图11-9　修蜡模、改指圈

（6）种蜡树。指把质量合格的蜡模，有规律地通过熔焊机熔焊在"树干"（蜡棒）上，"树干"即为大蜡树的水口，称主水口；"树枝"为每件蜡模原有的水口，称支水口；蜡模复杂时，需加辅助水口。蜡模应有层次地平衡安排在主干上，充分利用模腔空间，以便批量生产。为保证后期金属溶液流入充分，一般蜡模水口与主干水口夹角≥45°（见图11-10）。

图11-10　种蜡树

根据蜡模的复杂情况进行适当的调整，蜡模之间至少要留有2~3 mm的间隙；蜡模与蜡棒之间最小距离为8~20 mm；蜡树与石膏筒壁之间最少要留5 mm的间隙，蜡树与石膏筒底要保持20 mm的距离，以此确定蜡树的大小和高度。蜡树如果有款式粗细之分，则细的放于蜡树的顶端，粗的放于接近主水口的底端。焊好的蜡树经质量检查之后要进行称重，以便后期换算浇铸时贵金属的用量。

通常情况下,蜡与贵金属的比例关系如下:蜡:铂金=1:21;蜡:钯金=1:12;蜡:银=1:10;蜡:足金=1:20;蜡:18KY=1:15;蜡:18KW=1:15.5;蜡:14KY=1:14;蜡:14KW=1:14.5;蜡:10KY=1:10;蜡:10KW=1:10.5;蜡:黄铜=1:10。

五、石膏模制作工序

(一)工艺材料和设备
工艺材料和设备包括石膏铸粉、钢筒、抽真空石膏搅拌机、蒸汽脱蜡机、高温炉等。

(二)工艺流程

1.灌制石膏模

(1)将种好的蜡树套上大小合适的钢筒放于平台上,一般蜡树的高度不超过钢筒高度的90%。如果是带孔钢筒,外壁需要缠上高于钢筒6 cm左右的胶带,以防石膏浆从孔眼中流出(见图11-11)。

(2)配制石膏浆。将石膏铸粉原料进行称重,按水:粉=40:100的比例加入已放好水的搅拌机或真空搅拌机中,水温为21~26 ℃,搅拌均匀至石膏浆中无块粒并发黏,搅拌时间为2~4 min(见图11-11)。水过多,石膏强度不够;水过少,铸件表面粗糙。把配制好的石膏浆放在真空泵平台上,抽真空2 min左右,若采用的是抽真空搅拌机则无须再抽真空。

图 11-11 钢筒缠胶带、称量石膏、搅拌石膏

(3)灌筒。石膏浆沿钢筒壁慢慢倒入,直至漫过蜡树与钢筒同高或稍高,注意倒入石膏浆的速度不能太快,否则石膏浆的冲压力会使蜡树顶端的蜡模损坏或纤细部分变形。将灌好石膏浆的钢筒再次抽1~2 min真空,并振动平台使空气逸出,关上真空泵后,根据情况补加粉浆,静置30~45 min,待石膏模完全固化方可移动钢筒,取下胶底座及缠绕在钢筒外的胶带。注意从配制石膏浆到灌筒完毕整个过程要控制好时间,因为石膏浆配制好后8~9 min后开始凝固,流动性变差(见图11-12)。

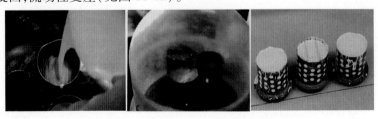

图 11-12 灌筒、抽真空、静置凝固

2.脱蜡与烘模

(1)脱蜡工序。能脱去石膏模中90%左右的蜡,脱蜡的方式有三种:第一种是低温炉熔化,蜡树流出石膏模;第二种是高温炉熔化蜡树,速度快但蜡灰会污染炉腔、石膏模和环境;

第三种方式是电热蒸汽脱蜡机熔化,蜡树流出石膏模,脱蜡时石膏模水口朝下放置于蒸蜡机中,下方水中的电热管通电后进行加热,产生的水蒸气熏热蜡树熔化后流出,这种方式耗时约 1 h,还方便回收蜡液再次使用。

（2）烘模工序。将经过脱蜡工序的石膏模放入可控温的电炉中,设定烘模温度≤760 ℃,烘模的过程温度是呈阶梯状逐步升高（见表 11-1）的,防止温度变化剧烈使石膏模开裂。烘模的目的是去除石膏模内的水分,烧尽石膏模中残余的蜡。

表 11-1　烘模升温过程

温度（℃）	0~180	180~350	350~650	650~750
时间（h）	2	4	5	1.5

六、浇铸工序

（一）真空加压铸造机浇铸工序

（1）将金属原料放于上方的熔金炉中,设定好温度加热熔化金属。

（2）将石膏模预热至最佳浇铸温度,安放于下方铸机内,使铸机与熔金炉为一体。

（3）设定浇铸时间,熔金炉在机内打开,流出液体金属至石膏模水口,开始浇铸。

（4）浇铸完毕拉开下方铸机,取出石膏模放于铁板上自然冷却 10~30 min（根据室温具体掌握）。

（5）金属不再呈红色后将石膏模放入冷水中炸碎石膏模,然后放入石膏清洗机中进行清洗,沾于铸件表面的石膏粉,用硬毛刷刷洗或高压水枪冲洗,若仍有残留石膏,可以将铸件放入 20%的氢氟酸中浸泡 20 min 后取出用清水清洗,根据石膏清洗情况可反复进行酸洗（见图 11-13）。

图 11-13　炸石膏、高压水枪清洗、酸洗

蜡镶类的产品的浇铸,宝石容易在急剧冷缩状态下损坏,应等待石膏模完全冷却再慢慢去除石膏。

（6）清洗石膏完毕得到金属树（见图 11-14）。

（二）手工浇铸工序

首饰手工浇铸是将金属熔化后直接浇铸到小石膏模中,可根据模具书选择首饰的款式,选择所需的模具,买回的小石膏模,加工者必须自行完成金属的手工浇铸,一般每次只能浇铸一个铸件。

（1）根据石膏模（见图 11-15）标示查算金属的用量,称取金属原料。注意金属用量要加上水口部分的重量,一般不超过首饰重量的 30%。但是也不能准备得过多,否则浇铸时容易造成金属熔液的喷溅。

图 11-14 金属树

图 11-15 石膏模

（2）准备好油泥（见图 11-16），用手按压油泥看软硬是否合适，太硬的话可以加少量热水搅拌均匀、压平压实，太软则不可使用。

图 11-16 油泥

（3）将购买的小石膏模水口朝上放于焊瓦上，点燃焊枪对其预热 1～4 min，注意预热要兼顾石膏模的各个部分,预热要充分、均匀,要根据室温和首饰结构的复杂情况控制预热时间,室温低、环境潮湿或者首饰结构复杂时需要的预热时间长,反之室温高、环境干燥或者首饰结构简单时预热的时间短(见图11-17)。

图 11-17　预热石膏模

(4)将已准备好的金属原料放于水口上,将焊枪火焰调至用最大火(聚火)对准金属原料加热,直至金属原料全部熔融成一个明亮的液态金属小球在水口中转动,如果金属长时间加热仍不熔融,或者熔后不明亮、不转动,表层似乎有一层壳状物,可撒上少许硼砂助熔除杂(见图11-18)。

图 11-18　加热金属

(5)当金属原料成一个明亮的液态金属小球转动后,立即撤开焊枪,迅速将油泥垂直、均匀并以适当的力压上石膏模,没至石膏模高度的 2/3 左右,保持力度不松 15 s 左右,注意压铸时要掌握好时机,一定要等到金属全部熔融成液态后快速压铸,压铸时不要用力过猛、拍击或倾斜(见图11-19)。

(6)用镊子将石膏模从油泥中夹出,放入冷水中炸洗,用手指从石膏模铁皮筒中小心地推出金属坯。如果石膏模炸洗效果不好,石膏残留较多,可以用镊子贴着筒壁插入后沿着筒壁左右旋转,让石膏体与筒分离后取出(见图11-20)。

图 11-19　压铸石膏模

图 11-20　炸洗石膏

（7）先用手轻轻剥离首饰铸件上的石膏块，再用铜丝刷轻轻刷洗铸坯表面的石膏，若是质软的金属铸件，则用旧牙刷或者软毛刷进行刷洗；首饰铸件上凹角、细缝部分可用钢针剔除；无法清洗彻底的首饰铸件，可以放在 20% 的氢氟酸中浸泡 10 min 左右以溶解掉残余的石膏屑，或放到超声波中清洗（见图 11-21），最后得到首饰铸件。

图 11-21　超声波清洗

第十二章　首饰执模镶嵌抛光工艺

通过失蜡浇铸出来的首饰坯件,表面常常是不光滑的、有缺陷的,浇铸出来的首饰坯件要达到最后造型匀称、表面光亮如镜,必须经过后期的修整,使缺陷得到矫正或弥补,然后经打磨、抛光工序得到光亮的表面,有时为了得到更出彩的成色、光亮度和特殊效果,还要进行一些特殊处理。

第一节　首饰执模工艺

失蜡浇铸出来的首饰坯件,除去石膏清洗后,需要进行必要的修复、整形、打光。对一些无法直接浇铸成型的,或者需要活动性的首饰部件组合完整;需要对石膏模本身的质量问题或浇铸过程、清洗过程导致的变形或者一些缺陷进行一系列的修整;把粗糙的表面打磨光顺为下一工序抛光做准备,这些操作称为执模。

执模初期主要使用各种锉对首饰进行整体锉修,使得首饰整体平顺;后期则是对金属表面进行更为细致的处理,多使用砂磨工具、砂纸,配合吊机对首饰表面进行精细抛磨处理。执模是一项重要的工序,执模不好会直接影响成品首饰的质量,因此对执模的质量要求有以下几个方面:

(1)首饰坯件进行执模以后要与原版相同,整体造型要饱满、匀称,棱线要流畅。

(2)首饰坯件进行砂磨要全面彻底、不留死角,表面不能留有锉痕,执模以后表面要光泽统一,达到光顺洁净。

(3)首饰坯件进行执模以后不能存在砂眼、裂纹、缺口等缺陷。

(4)需要焊接的首饰坯件,焊接处要牢固并且打磨光顺,无虚焊、漏焊、假焊。

(5)需要标注印记的首饰在执模以后要保证清晰可见。

一、首饰坯件的修整

(一)工艺材料和设备

工艺材料和设备包括锉刀、吊机、车针、红柄锉、整形锉、线锯、锯条、激光点焊机、组合焊具、辅助焊具、铁锤、戒指铁、钳子、激光刻字机等。

(二)工艺流程

(1)剪、锉水口。从金树或者单件浇铸的首饰坯上,将首饰坯件从水口连接部位用剪刀或剪钳剪断(见图12-1),再用锉刀将剪切截面锉修好,进行下一个工序,水口进行回收再利用。

注意:剪切水口时不能沿着饰品根部进行,应留有1.5 mm的距离;否则后期锉修后会使首饰表面呈凹陷状,应该稍留一些锉修的余量。

(2)矫形。戒圈变形要用戒指铁修正,镶口不正要用实心钢签、钳子等矫正,戒肩歪斜、高低不对称等也要用钳子加以矫正,只要存在首饰坯件形态不正的情况,都应通过用相应工

图 12-1　剪水口

具操作,使坯件与原版造型相同。

（3）首饰铸件表面的锉修打磨（见图 12-2）。将铸件上不平之处或多余部分锉掉,用半圆锉将戒指内圈锉平滑。锉修顺序按先用红柄锉进行粗锉,再用整形锉进行细锉。锉修时力度均匀,方向一致,尽量避免在首饰坯件表面留下明显的锉痕,然后用砂纸棒将锉痕打掉。

图 12-2　锉修首饰、打磨首饰

（4）组合焊接首饰部件（见图 12-3）。对于手链、吊坠等分部件浇铸的首饰,浇铸出坯件后从水口上剪下的是一个个小部件,必须经过串接后,将接口依次焊好,接口要焊牢,各部件焊接后要松紧适中、灵活。

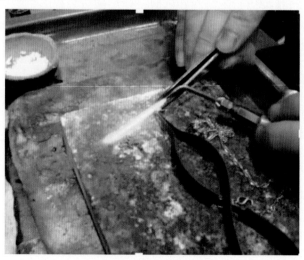

图 12-3　组合焊接

（5）修补砂眼、缺口、裂缝等缺陷。缺陷如果太小,可能需要激光点焊来修补（见图 12-4）。

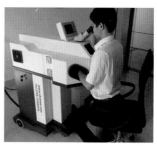

图 12-4 火焰焊接、激光焊接

为要补焊的首饰坯件选好对应的钎料,注意成色要一致,如果选择不好,补焊的地方与首饰铸件整体的颜色就会不一致,影响首饰的美观;钎料熔点要与坯件有一定的温度差,补焊常用的是中温钎料。

钎料的用量要根据缺陷大小准备,补焊处填补钎料凝固后,要略高出旁边饰品表面一些,不宜太多,否则会造成浪费和后期锉修麻烦;也不宜太少,否则还需要二次填补。

先用吊机根据情况配上伞针、球针等各种车针,扩大首饰铸件的砂眼(或其他缺陷),去掉缺陷表面和内部的氧化层及杂质。

在清理洁净的缺陷处涂上硼砂水,同时用大火加热首饰坯件,坯件加热后将焊枪调成细小火焰(细火)对补焊处加热;加热适当后,用焊夹将提前准备好的钎料夹到补焊处,钎料受热熔化后即填补缺陷,将坯件放入冷水中冷却。

取出坯件用整形锉锉掉补焊处多余的钎料,使补焊处与首饰表面连续一致。

(6)补接断爪。

根据断爪的直径选择相同直径的金属丝,如果没有尺寸相同的线材,则需要自行拉丝。

剪取比其他爪稍长的线段,两端用整形锉锉平,将首饰坯件上断爪处用整形锉锉平。

选择好钎料,磨成焊粉,与助焊剂混合成泥状钎料,将首饰坯件用八字夹夹好放置在焊瓦上,断爪位置朝上。

用大火加热坯件,另一只手用焊夹夹持金属线段,蘸取钎料后放于断爪上对接好,然后将焊枪调至细火对断爪处集中加热,钎料熔融后连接好断爪和金属丝即可撤去焊枪。

将坯件放入冷水中冷却取出,锉修掉多余的钎料即可。

(7)修改镶口。

如果配石与镶口不适合,要对镶口进行修改,当配石与镶口相差不大时,用整形锉、吊机和吊针对镶口适当地修改;若镶口与配石尺寸相差过大,则需要锯下不合适的镶口,重新做好合适的镶口再焊于首饰坯件上。

(8)打印记。

在首饰坯件上打压出印记标志。在很多正规企业生产的首饰上,都要打上一些很小印记,常为阴刻线的形式,印于首饰的背面或配件上,印记的种类最常见的是成色印记,即表示首饰贵金属元素和含量的标志,例如S925;还有企业的标志等,现在还可以定制个性化的首饰,根据顾客的要求打上一些特殊的标记。

印记可以是传统方式用铁锤敲打字印(印头为凸起的阳文数字、字母、文字、图样等),也可以用字印机印压,多为数字和英文字母,还可以在电脑中设定好用的激光进行刻印。

二、首饰坯的砂磨

(一)工艺材料和设备

工艺材料和设备包括研磨机、磨料、吊机、砂纸、锉刀等。

(二)工艺流程

(1)打磨。将砂纸卷、砂纸尖、砂纸飞轮上紧于吊机索头上,通过吊机旋转针上的砂纸对首饰表面全部进行砂磨。砂纸有粗细之分,常用的号为400#、600#、800#、1 200#、1 500#,号数越大,表示砂纸越细。根据首饰坯件具体情况选择砂磨道次,一般为三道次,可以400#粗砂一次,800#中砂一次,然后1 200#或1 500#细砂一次。

(2)砂磨时方向要一致,顺序一般是先磨首饰坯件的正面,然后是背面,最后是侧面和凹角、窄缝等。砂磨时手持索头运动的方向要与手持首饰坯件的运动方向相反,经砂磨工序后首饰的表面不能留下任何锉痕。

■ 第二节　首饰镶嵌工艺

宝石镶嵌是将宝石与金属镶托用不同的方式结合起来,使其具有佩戴功能的完整珠宝饰品。宝石镶嵌工艺是一门技术要求很高的技艺,属于首饰加工行业的技术工种。

宝石镶嵌的种类有多种,可以根据镶嵌宝石的形状,分为特殊形状宝石镶嵌和规则形状宝石镶嵌。

一、特殊形状宝石的镶嵌方法

(一)畸形宝石的镶嵌

天然生成的宝石,虽然是五光十色,绚丽多彩,但是它们的形状一般不规则,这就使得在制作首饰时,并不是颗颗宝石都令人称心满意,其中一些畸形怪状的宝石常常让人感到棘手。在上等天然珍珠、翡翠宝石中,常会出现左右两边圆弧不等的蛋圆形或者有角又有弧的形状,以及材料厚薄无规律的等,因为不能按照一般的方法来镶嵌这些畸形宝石,一则不能有效地固定住宝石,二则使原有的畸形显得更加明晰和刺眼,所以对畸形宝石需要采用特殊的镶嵌方法。

1.插孔镶

插孔镶(见图12-5)是一种极简单的畸形宝石镶嵌方法,特别对难用齿镶、钉镶、包镶方法镶嵌的珠形或近似珠形的宝石和那些要求完整地表现宝石形状的首饰是很有效的,采用插孔法效果是比较理想的。这种镶嵌方法的操作是:根据镶嵌需要对珠状宝石打半孔或通孔,一般来说戒指上的珠状宝石打半孔,宝石孔的深度与首饰镶托上的金属针紧密吻合,镶嵌时在金属针上涂抹专用胶,首饰镶托的针插入宝石孔后准确定位,胶水要24 h强化。耳坠或胸坠的珠状宝石可以打半孔,也可以是通孔,通孔镶嵌就不用粘连了,首饰镶托上的金属针要能穿过珠状宝石,镶嵌时在穿孔的金属针顶端配一片垫片,将金属针顶端敲平做堵头即可。

2.包边镶

这种镶嵌方法适用于较大颗粒和较复杂形状的宝石。为了不改变宝石的原形,采用包边法比较合适,它能完美地体现特殊形状宝石的风采,特别是能巧妙地将包边线处理成具有绘画性的框线,勾勒出作品的艺术形态,使作品生动有趣。它是用金属材料按宝石形状圈成外形,将边包压住宝石(见图12-5)。当然,这仅是典型的包镶法,包镶法在包边上还可以做一些设计变化,它根据宝石形态做不同的处理。

图 12-5　插孔镶、包边镶、绕镶

3.绕镶

绕镶是用金属丝将宝石缠绕起来的镶嵌方法,突出宝石的原石美,是巴洛克造型宝石的镶嵌方式(见图12-5)。这种镶嵌方法的特点是适合珠形或随意形宝石的镶嵌。

(二)有缺陷宝石的镶嵌

缺陷就是按一定标准衡量有所不足。宝石的缺陷有多种,这是因为不同的宝石有不同的标准,例如翡翠的缺陷有绿色不匀,内部结构有裂纹,形状不佳等;红、绿宝石的缺陷有颗粒较小,颜色不纯等;珍珠的缺陷有色泽不好、体形不圆等。其实宝石的缺陷是很常见的,因为它们是天然生成的,在生成过程中,受地质条件等的影响,没有缺陷的宝石是很罕见的。

有缺陷宝石的镶嵌方法,可以归结为四个字:扬长避短。无论何种镶嵌方法,目的都是使"长处"充分体现出来,而将"短处"尽量隐藏起来。所以,掌握这一技法的关键就是看如何在有缺陷的宝石中,寻找出优点并将它展现出来,同时把劣点巧妙地掩盖好。

1.择优藏劣法

这种方法的主要特点是把宝石的最佳特性放在显眼处,把宝石的瑕疵放在不易让人察觉的位置。在有缺陷宝石的镶嵌方法中,藏劣法的运用比择优法普遍,这样镶嵌方法就是围绕着如何处理宝石的缺陷了,处理好了缺陷,宝石自然就显得光彩迷人。同择优法相比,藏劣法是一种反衬法,它的难度相对来说要大一些,处理过程也较复杂些。

2.综合法

这种镶嵌方法是根据宝石的缺陷和尚存的优点,运用多种手段,使产品达到满意的程度。这种方法与择优法和藏劣法不同的是,它不是用单一的手段来处理宝石,而是依据情况用综合的手段来处理宝石。例如发现宝石残缺不全,在处理好缺陷的情况下,可以通过添加其他附件来装饰作品,使之具有较完美的效果。还有可以将一些有缺陷的宝石,用避其不足、综合协调的方法,使可取之处组合起来,表现宝石的质地美。

二、规则形状宝石的镶嵌

宝石与金属组合方式上,可以分为齿镶、钉镶(微镶)、槽镶、包边镶(包镶)、飞边镶、无边镶等。

(一)齿镶

齿镶是镶口边伸出适当长度、粗细的金属齿,利用金属齿将被镶嵌宝石紧紧扣压住的镶嵌方法(见图12-6)。齿的数量有两齿、三齿、四齿和六齿等;齿的形状有三角形、椭圆形、圆形、尖形、角形、双柱形和随形等(见图12-7)。

图 12-6　齿镶

图 12-7　镶齿的数量及形状

齿镶法是最古老、最简单的一种镶嵌法,目前在贵金属首饰制作工艺中最为常见。齿镶法可以镶嵌大的主石,也可以镶嵌小的副石。齿镶法的特点是突出主石亮度和火彩的光学效果,但在镶嵌副石上,由于齿对小副石遮挡较多,效果不及钉镶法。

(二)钉镶

钉镶是利用金属的延展性和韧性,用铲针或平枪凿将金属铲起,翻卷成圆球形小钉来固定宝石的镶嵌方法(见图12-8)。钉镶可划分为两钉镶、四钉镶、密钉镶等。钉镶法起的钉往往都比较小,不可能铲出较大的钉,所以钉镶法适合于直径小于 3 mm 的宝石镶嵌,而直径大于 3 mm 的宝石较少使用这种方法。钉镶的特点是固定宝石的钉细小,更能表现小粒宝石的光彩,是首饰镶嵌加工中副石最为重要的镶嵌方法之一。

微镶是一种新的镶嵌工艺,也称微钉镶。这种镶嵌方法的钉看上去非常细小,比钉镶小许多,需要借助放大设备观察操作,适合直径 1.5 mm 以下的宝石镶嵌。微镶的特点是宝石互相间结构紧密,宝石镶嵌后有一种浮着的感觉,是一种能够极好地体现宝石光学效果的方法。它基本可以取代传统的钉镶,是现在首饰群镶的主要方式。

(三)槽镶

槽镶也称为轨道镶、夹镶,是指将首饰台面金属镶口两侧铣出槽沟,把宝石夹进槽沟,用镶口处的金属夹住宝石部分边缘的镶嵌方法(见图12-8)。槽镶的特点是首饰外观线条流畅,分布整洁美观,使整个首饰显得更加豪华珍贵。此镶法是群镶方法之一。

(四)包边镶

包边镶也称为包镶,是指用镶口处的金属边将宝石四周全部包住的镶嵌方法(见图12-8)。包镶的特点是适合大粒宝石尤其是弧面宝石的镶嵌,也适合腰形不规则宝石的镶嵌,是最为稳固的镶嵌方法。

(五)飞边镶

飞边镶又称意大利镶,是一种包边镶与起钉镶相结合的镶嵌方法,也就是宝石的四周被

图 12-8　钉镶、轨道镶、包镶

金属镶边围住起定位的作用,铲起若干的金属小钉起固定的作用(见图 12-9)。宝石四周的金属镶边比较低矮,镶边上铲起的镶钉比较细小,根据镶嵌需要,镶钉有时可以是三四个,有时是五六个,这种镶嵌方法主要用于刻面宝石的镶嵌。飞边镶的特点是最大限度地表现刻面宝石,减少了包边镶造成的刻面宝石冠部面积变小的现象,使宝石戒面显得比较大。

图 12-9　飞边镶、无边镶

(六)无边镶

无边镶并不是完全没有边,只是有的宝石之间没有镶边,但首饰金属镶托上有一外边。这种方法是用金属槽或轨道固定宝石的底部,并利用宝石与宝石之间和宝石与金属边之间的挤压来彼此固定的镶嵌方法(见图 12-9)。无边镶是一种难度极高的镶嵌方法,通过边部挤压群镶宝石,要保持戒面牢固且平整非常不易。无边镶的特点是适合方形、长方形宝石的群镶。

三、宝石镶嵌工艺

(一)配石

配石工序是检查宝石的质量,与金属镶托匹配情况,并记录宝石的数量、规格、重量,交给镶石人员生产加工的过程。

宝石的质量包括:宝石内部有包体、裂纹和对首饰成品影响比较大的杂质,表面有无缺陷或缺口损坏,将不合格的宝石分离出来,这样可以保证首饰成品的质量,如果是群镶,注意宝石颜色之间的匹配。

宝石大小与金属镶口匹配情况是配石工作的重点,宝石过大或过小都会造成镶嵌困难,即使镶嵌上去,首饰整体造型也不会美观,会影响宝石成品的价值。

宝石数量、规格、重量的记录是计算首饰成本,回收复核的需要。

（二）宝玉石镶嵌工艺材料和设备

宝玉石镶嵌工艺材料和设备包括平锤、整形锉、钳子、吊机、錾、胶棒（火漆棒）、镶石铲、油石、珠作、游标卡尺、戒指度量圈、度量棒、戒指夹、刷子、宝石爪、橡皮泥、壁针等。

（三）常见的镶嵌技术

1.齿镶法

齿镶法在首饰制作中是使用最多且操作简单的一种镶嵌方法,此镶嵌方法突出主石,围绕主石,配以副石或花饰,层次分明、简洁明快。齿镶在有主副石的情况下,先镶副石后镶主石。

1）副石的齿镶方法（见图 12-10）

（1）检查副石镶口的镶齿是否完整无缺,用镶石钳微微向外掰开镶齿。

(a)齿镶戒指托　　(b)伞针铣卡位　　(c)吸珠吸圆副石齿头　　(d)副石镶嵌完

图 12-10　副石镶嵌方法

（2）用镶石镊子夹住宝石放入镶口中,检查副石是否与镶口相符,镶口略小可以用伞针适当铣扩,仔细观察副石腰在镶齿的位置。

（3）在吊机上安装上与副石镶口相同规格的碟针或伞针,从镶口中取出副石,在副石腰对应的镶齿内侧铣出卡位,不能将镶齿的其他部位铣伤或将镶齿铣断。要求卡位高低、深浅都要一致,卡位深度占镶齿直径的 1/3 左右（见图 12-11）。

(a)圆齿　　(b)扁圆齿　　(c)方齿　　(d)三角齿　　(e)尖角齿　　(f)角齿　　(g)对齿

图 12-11　对各种形状的镶齿铣卡位

（4）清除干净镶口内的金属屑,用镶石镊子夹住副石放进镶口中,使副石冠部与镶口边沿吻合并保持平行。

（5）确认卡位与宝石相符,用镶石钳对角钳压镶齿,扳压扶正镶齿,靠紧副石,使副石腰嵌入镶齿卡位。

（6）食指抵压住齿尖,用剪齿钳剪去高过副石台面的齿头。

（7）用小三角锉或小半圆锉将镶齿顶部锉平整。

（8）在吊机上安装好与镶齿规格相等的吸珠针,把镶齿顶部吸圆。

2）主石的齿镶方法

主石一般分为刻面宝石和弧面宝石两种,它们的镶嵌方法大同小异,相同的都是利用镶齿固定宝石,不同的是齿镶刻面宝石一般是圆齿,镶嵌宝石需要铣卡位,齿镶弧面宝石是扁平齿,镶嵌宝石一般不需要铣卡位。齿镶法镶嵌工艺如图 12-12 所示。

（1）检查主石镶口的镶齿,将歪、斜的镶齿用镶石钳校正,用镶石钳微微向外掰开镶齿。

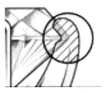

(a)镶主石后剪去多余齿头　(b)吸珠吸圆主石齿头　(c)镶嵌后齿与宝石的状态　　(d)镶嵌完毕

图 12-12　齿镶法镶嵌工艺

（2）镶嵌刻面宝石时，用镶石镊子夹住宝石放入镶口中，检查主石是否与镶口相符，俯视宝石镶口应不露边，侧视宝石不宽边、不露底。如宝石镶口露边，说明宝石小，要调换合适的宝石；如宝石镶口宽边，用伞针或桃针等扩大镶口内沿，使其尽量与宝石吻合；如宝石镶口露底，通常在镶口内加焊一圈与饰品相同材质的丝或片，使镶口略缩小并抬高镶位，以符合镶嵌要求。宝石的腰线与镶口沿应呈均匀平行状，并仔细观察主石腰在镶齿的位置。在吊机上安装上碟针或伞针，从镶口中取出主石，在主石腰对应的镶齿内侧铣出卡位（见图 12-11），不能将镶齿的其他部位铣伤或将镶齿铣断。要求卡位高低、深浅都要一致，卡位深度占镶齿直径的 1/3 左右。

（3）镶嵌弧面宝石时，用镶石镊子夹住宝石放入镶口中，检查主石腰部是否与镶口相符，俯视宝石镶口应不露边，侧视宝石不宽边，宝石的底平线与镶口沿呈一条线，二者相吻合不露缝。如弧面宝石底面与镶口沿之间有缝隙，可根据实际情况，用小锉刀将镶口沿稍许锉削整理一下即可；如镶嵌宝石是双凸弧面型，要用伞针或桃针铣扩镶口内沿，使凸起的底面落到镶口里。扁平齿的长短与弧面宝石的拱顶有关，高拱顶宝石镶嵌齿长些，低拱顶宝石镶嵌齿短些。低拱顶宝石也可以同刻面宝石，在腰部对应的镶齿内侧铣出卡位进行镶嵌。

（4）清除干净镶口内的金属屑，用镶石镊子夹住宝石放入镶口中。镶嵌刻面宝石时，确认卡位与宝石腰相符，用镶石钳以对角嵌压镶齿，扳压靠紧主石，使主石腰嵌入镶齿卡位；镶嵌弧面宝石时，用镶石钳以对角嵌压镶齿，使镶齿紧贴宝石弧面。

（5）食指抵压住齿尖，用剪齿钳剪去高过主石台面的齿头。

（6）用小三角锉或小半圆锉将镶齿顶部锉平整。

（7）在吊机上安装好与镶齿规格相等的吸珠针，把镶齿顶部吸圆。

3）齿镶的技术术语

（1）露边。顾名思义就是镶好宝石后仍显露出镶口的边部。这是由于宝石略小于镶口的外缘造成的一种宝石与镶口不吻合的现象。这样勉强镶嵌出来的首饰很难看，齿不能直立只得弯下去压住宝石，镶口没有被宝石盖严而露边显得非常不协调。

（2）露底。所谓的露底就是宝石的底部从镶嵌的金属镶托下部露出。刻面宝石的尖锐亭部出现露底现象可能扎伤佩戴者的皮肤和磨损衣物。造成这种露底的原因是宝石的高度没有量好，制作的金属镶托的镶口低于宝石的亭深。

（3）宽边。宽边又形象地称为戴帽，就是指宝石的腰部比金属镶托的镶口要大些，不能与镶口合理协调地吻合在一起。出现宝石大镶口小的现象，勉强镶嵌起来也很不美观，镶嵌齿外撇后弯回很容易损伤宝石。

（4）漏缝。漏缝就是宝石的腰部未能与金属镶托的镶口吻合，宝石与镶口之间有缝隙。造成这种现象的原因是镶口略小，宝石亭部没有完全放进镶口，或者是镶口有些不正，宝石没有完全放好。

2.钉镶法

钉镶法也是首饰镶嵌工艺中一种常用的镶嵌方法,用铲针在镶口边缘铲出几个小钉固定宝石,主要用于直径小于 3 mm 的宝石镶嵌,而直径大于 3 mm 的宝石很少用此方法。钉镶的排石方法多种多样,但最基本的排法有流线形、三角形和不规则的群镶形。钉镶的起钉方法比较单一,通常使用"四钉镶"。

钉镶法又可细分为有钉镶(钉板镶)和起钉镶两种。有钉镶是在已有钻孔和镶钉的金属镶托上实施镶嵌;起钉镶是在无钻孔和镶钉的金属镶托平面上,根据镶托平面的宽度和厚度,确定所镶宝石的大小和钻孔位置,用麻花钻打出钻孔,再进行起钉镶嵌。起钉镶工艺复杂,下面是起钉镶的工艺流程(见图 12-13)。

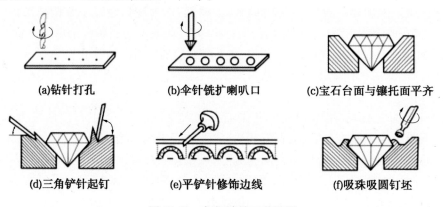

| (a)钻针打孔 | (b)伞针铣扩喇叭口 | (c)宝石台面与镶托面平齐 |
| (d)三角铲针起钉 | (e)平铲针修饰边线 | (f)吸珠吸圆钉坯 |

图 12-13 起钉镶的工艺流程

(1)根据金属镶托平面的宽度和厚度,确定所镶嵌宝石的大小和数量,如需铲边线,要留足边线位置。

(2)用记号笔在镶托上标出应镶宝石的位置,用规格相宜的麻花钻标出钻孔的位置,逐一打出钻孔,孔径要比选用的副石直径小 1/3,所打的钻孔应与金属镶托平面呈垂直状。

(3)用软刷刷除干净打孔时留下的金属屑。用伞针或桃针把钻孔铣扩成上大下小的喇叭口,将所镶嵌宝石放入喇叭口中,观察宝石的台面应与镶托的平面持水平状。如宝石台面高于镶托的平面,说明所铣扩的喇叭口过浅,可继续铣扩,直到台面与镶托一样高。如宝石台面明显低于镶托的平面,并能自由晃动,说明所铣扩的喇叭口已经过大、过深了。

(4)用三角铲针在宝石四周的金属平面上均匀地铲起钉坯,铲钉坯时应注意保留一定量的边线。起钉坯进刀时的角度以 30°为宜,随着深度的增加,逐渐调整到 80°,随着铲针角度的增大,逐渐压向宝石冠部的刻面。

(5)起钉坯时的进刀要稳、缓而持续有力,避免忽重忽轻的冲击性起钉方法。用三角铲针起出的钉坯,最后压紧宝石。

(6)用平铲针对镶钻部位进行修饰,铲掉钉坯两边的斜边,修整边线。

(7)用相应规格的吸珠,将钉坯顶部吸圆滑并慢慢压向宝石,使起出的钉坯成为紧紧嵌住宝石的独立钉珠。

3.槽镶

槽镶是采用压迫金属的边、槽来达到夹持和固定宝石的技法之一,常用的槽镶法是用多粒小宝石有规律地呈线状或圆弧状排列。有的卡槽在金属镶托原版上就已经制成,有的卡槽需要在金属镶托上开出才能镶嵌,把宝石放入,用平头冲头把槽边敲压向宝石的刻面,所镶成的饰品线条流畅、外形整洁光滑,是较新颖的一种镶嵌方法(见图12-14)。

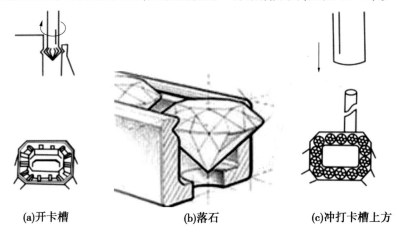

(a)开卡槽　　　　　　(b)落石　　　　　　(c)冲打卡槽上方

图 12-14　槽镶法镶嵌工艺

(1)把已开好卡槽的金属镶托固定在火漆球或微镶器上。

(2)观察所要镶的宝石和卡槽的规格及两者之间的吻合程度,宝石的直径、高低、腰厚要基本一致;颜色、透明度基本一致,否则会影响首饰整体效果。

(3)在吊机上装上桃针,将卡槽内壁的高低不平之处全部铣平整。用扫针或轮针对镶口内壁进行铣扩,务必使卡槽平直光洁,卡槽深度、高低尽可能一致,卡槽角度要与宝石腰部吻合。

(4)根据镶口的大小,把宝石逐一放入卡槽内。检查每一粒宝石,务必使每颗宝石都保持在一个平面或高度上,并不能在镶口中自由晃动。用胶水或胶泥将宝石固定在镶位上。

(5)左手拇指、食指、中指三指拿稳平头冲头,无名指和小指微弯自然抵在火漆球边上。右手持镶石锤,均匀、平衡地敲打冲头顶部,平头冲头轻压在卡槽上方。边敲打边移动火漆球,从头到尾一遍一遍地敲打,逐渐把卡槽压紧,镶牢宝石。

(6)用平铲针将贴住宝石刻面的槽边修饰平直、光滑。

(7)用小油光锉把经过敲打后的金属槽边锉磨圆滑、整洁。

4.包边镶(见图12-15)

(1)把金属镶托固定在火漆球或微镶器上。

(2)根据镶口和宝石的尺寸,选择钻针修整镶口四周,如镶口略小,可用桃针或扫针将镶口铣宽至能稳固住宝石;镶口略浅时,可用飞碟针或轮针将镶口铣深,宝石放入镶口后应四周平稳。镶边四周高度一致,比宝石腰部高出 1 mm。

(3)镶嵌宝石时,左手拇指、食指、中指三指拿稳平头冲头,无名指和小指微弯自然抵在火漆球边上。右手持镶石锤,均匀、平衡地敲打平头冲头顶部,平头冲头沿镶边挤压。边敲打边移动对金属镶边的打击点,用力均匀,防止镶边出现波浪形。将宝石四周的金属镶边挤压向宝石,并紧紧贴住宝石。注意敲打镶边时,用力不能过大,尤其在宝石戒面角端,否则极易损伤宝石。

(4)用平头铲针铲顺包边线,铲边时,应顺着宝石的外形方向,该直的要直,该圆的要圆,与宝石外形保持一致。

(5)用油光锉锉顺镶边,尽可能将冲头痕锉干净。

(a)度石　　(b)铣卡槽　　(c)落石　　(d)冲打镶边　　(e)镶嵌完毕

图 12-15　包边镶镶嵌工艺

四、宝石镶嵌工艺评价

首饰镶嵌有许多种方法,但是无论哪种镶嵌方法,技术要求都基本一样,以下从宝石、金属镶托和整体效果三个方面评价。

(一)宝石

(1)镶嵌宝石应牢固稳妥、周正平服,主副石不松动。

(2)镶嵌宝石戒面不损伤,要保持原模样。

(3)群镶宝石要求颜色匹配,透明度基本一致。

(二)金属镶托

(1)首饰镶托不能变形、走样、掉齿。

(2)首饰镶托表面无划伤、敲痕、锉痕、铲痕、挤痕等。

(3)首饰镶托不能有裂纹或局部断裂的现象。

(三)整体效果

(1)齿镶的镶齿应直立、清晰均匀,齿的长度应与所镶宝石相符,齿要贴石。

(2)钉镶的镶钉应大小均匀,镶钉位置合理、对称。

(3)包边镶、轨道镶的镶边应光滑圆顺,宽度一致。

(4)群镶宝石整体分布规律、流畅。

(5)首饰应保持原模版的协调与美观。

五、蜡镶

蜡镶是一种特殊的镶嵌工艺,起银版时镶嵌宝石于镶口上,进入压胶模工序后,会在胶模上对应留下宝石和镶口的凹位,在进行注蜡时,先将宝石紧密地压入胶模中宝石的凹位,合上胶模后进行注蜡,宝石就在注出的蜡模中镶嵌好了,将镶好宝石的蜡模种成蜡树后灌制石膏模,再脱蜡进行浇铸,浇铸出首饰坯件已镶嵌好了宝石,这样大大减少了后期镶嵌环节的成本消耗,从而提高了企业的生产效率。

蜡镶的优点在于它适于群镶且镶嵌方式复杂的首饰,可以大大减轻后期镶嵌的麻烦;但是它也有自身的局限性,那便是由于后期的高温烘模和熔金浇铸,对宝石的耐热性都有所考验,所以受热或高温下易产生变性或者脆裂、熔融的宝石不适于蜡镶,在蜡镶时要熟知被镶宝石的热学性能,否则容易导致被镶宝石损坏。

第三节 首饰抛光工艺

一、抛光方式

首饰抛光分为湿抛光和干抛光。湿抛光包括滚筒抛光、磁力抛光、振动抛光、手工抛光;干抛光包括布轮抛光、飞碟抛光、吊机抛光。从抛光工序上看,包括粗抛光和细抛光,粗抛光包括滚筒抛光、磁力抛光、振动抛光;细抛光包括布轮抛光、飞碟抛光、吊机抛光、手工抛光。

二、工艺材料和设备

机器抛光设备有滚筒抛光、磁力抛光、振动抛光、布轮抛光、飞碟抛光、吊机抛光;手工抛光设备有钢压笔、玛瑙刀。抛光材料包括抛光粉、抛光膏、抛光珠、碎玛瑙、抛光针、布轮、毛刷、抛光蜡、抛光液等。

三、抛光工艺

(一)滚筒抛光、磁力抛光、振动抛光工艺

(1)首饰湿抛光、粗抛光。需要配合抛光介质、水、抛光粉,抛光介质包括不锈钢抛光珠、不锈钢抛光针、玛瑙碎块等。

(2)抛光原理是电机带动仓体,通过滚动、转动、振动等方式,实现抛光材料与抛光介质之间的相互摩擦,在水、抛光粉或抛光膏的作用下,抛亮首饰。

(3)抛光对象:滚筒抛光机适合足金、足银类贵金属含量很高的首饰坯件;磁力抛光机适合铂金、K金的镶嵌首饰坯件;振动抛光机适合体积小、抛光不便的首饰坯件。达到对首饰内孔、死角、夹缝窄缝(底线)、背凹角的抛光。

(4)仓体中加首饰坯件、抛光介质、抛光粉和水,设置抛光时间、转向、速度、强度等参数进行抛光。

(二)布轮、飞碟抛光机抛光工艺

1.粗抛

打开抛光机开关,转轴开始高速旋转,转轴的前端为带螺纹的圆锥形,毛刷或布轮的中心有一个小孔,将小孔对准转轴尖锥,借转轴转动力量自然旋紧抛光毛刷或黄布轮,将粗抛光剂绿蜡放于轮下方轻轻接触旋转的轮边,绿蜡就会由于旋转涂抹在轮上一周,当整个轮边都均匀地涂上薄薄的一层绿蜡即可进行抛光。抛光时,因为转速快且抛光轮大首饰坯件小,双手握紧首饰坯件置于轮下方,尽量使要抛光的面与抛光轮平行,手指捏紧首饰坯件,抛光区域要与布轮的转动对向运动(见图12-16)。

2.中抛

中抛抛光手法与粗抛相同,也是采用毛刷和黄布轮进行抛光,但采用的抛光蜡是粒度较细的白蜡(含铝的氧化物)。

3.细抛

细抛抛光手法也与粗抛相同,但采用的是细白布轮涂抹粒度更细的红蜡进行抛光。

图 12-16　布轮抛光

4.拍飞碟

如果是用飞碟机抛光,手法与布轮抛光机相似,也是双手持首饰,由于飞碟上的转轴为水平状,底部具有用于抛光的平面,所以对首饰上平面或者是侧边的抛光很有效(见图 12-17)。

图 12-17　拍飞碟

5.注意事项

(1)涂抹抛光蜡要均匀、适量,上蜡过多会使后续抛光过程中由于摩擦生热,使带有金属抛光碎屑、被污染的蜡熔化后覆盖于首饰坯件表面,被覆盖的位置无法再进行抛光,清洗后这些区域的首饰坯件表面的抛光亮度就较差,与周围抛光到位的光亮表面形成明显的差异;上蜡过少也不行,会造成抛光亮度达不到镜面效果。

(2)抛光时,双手持首饰坯件与抛光轮接触的力度要适当,力度过大可能会造成首饰飞出损坏或易造成首饰纤细部位变形;力度过小则抛光程度不够而抛不亮。

(3)抛光戒指时,要在抛光机上用绒芯棒涂抹抛光蜡,对戒指的内圈进行抛光,因为戒圈较为薄弱易受力变形,注意抛光时绒芯棒与戒圈的接触面不能太大,保持在内圈的 1/3 弧长左右,否则接触面过大,摩擦也大,容易使戒圈持拿不稳而卷进绒芯棒,发生变形或者飞出损坏,而且抛光时手指持拿变换抛光位也不方便;但也不能因为害怕戒圈损坏而采用很小的接触面进行抛光,这样不仅工作效率低,而且抛光的光泽也会不流畅。

(4)因为首饰经过粗抛后已有与砂磨完全不同的光亮的效果,但是粗抛、中抛、细抛之间的差异又不是那么明显,不是长期从事抛光的操作人员很难识别其间的不同,特别是形制比较复杂的首饰。所以,对于刚刚从事抛光工作的人员来说,应该养成良好的操作习惯,抛光时形成有规律的顺序,这样才不会在抛光后期产生混淆,不知道哪些部位是抛光过的,哪些部位是还没有抛光的。一般常用的抛光顺序为:正面—侧面—角部、背面。

(5)抛光完毕要检查首饰,若存在抛光不够的地方要重新进行局部抛光,若是因为蜡熔化覆盖,要清洗后重新对覆盖的区域进行再次抛光。质软的金属不易抛亮,且这类金属延展性也很好,所以抛光时感觉抛光轮在首饰坯件表面有滞阻的现象,这种情况应该适当减小抛光力度,再者可能需要多次反复抛光。若首饰表面前期执模质量不佳留下锉痕、砂眼等缺陷,必须重新修补打磨后再次抛光。

（三）吊机抛光工艺

(1)打胶轮。选择形状合适的胶轮上于吊机上,用钥匙旋紧,一只手持吊机索头,开动吊机,另一只手持首饰,用胶轮对首饰表面各部位进行抛光预处理。首饰坯件打过胶轮后已隐约闪出光亮,首饰后期的抛光效果很好,效率更高。

(2)粗抛。选择小毛轮(或笔刷)或小黄布轮上于吊机上,用钥匙旋紧,一只手持吊机索头,开动吊机,布轮旋转后按照抛光机上蜡的方法蹭一点绿蜡,另一只手持首饰,双手配合对向运动,对首饰表面各部位进行抛光。

(3)中抛。方法同粗抛,抛光蜡选择白蜡。

(4)细抛。选择绒轮或白布轮上于吊机上,方法同粗抛,抛光蜡选择红蜡。

(5)注意事项。类似抛光机抛光,抛光戒指内圈时用子弹绒轮进行抛光。吊机抛光相对于抛光机抛光来说,电机动力小,力量不大且可调,而且抛光轮也很小,与首饰坯件大小相当,不易造成首饰坯件的变形与飞出;再者操作比较灵活,精细部位比较容易抛到位(见图12-18)。

图 12-18　小布轮抛光

（四）手工抛光工艺

(1)用皂角浸液或洗涤剂稀释溶液作润滑剂,左手持首饰,右手持笔蘸润滑剂,在首饰表面来回擦动,以手腕和手指用力,用力要均匀,速度要快。

(2)钢压将首饰经抛光后遗留的细微的凸凹表面进一步推平,显出镜面般的光亮度,同时由于压力变形使首饰表面硬度得以一定的提高。钢压需要一定的技术和手法,操作时要防止用力不均而使饰品表面出现波纹和变形(见图12-19)。

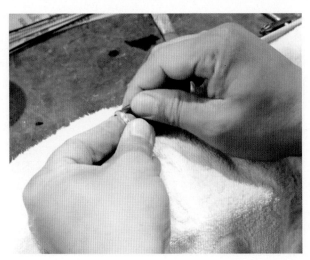

图 12-19　手工抛光工艺

（五）清洗工艺

（1）将自来水注入超声波清洗机槽内，注入量为槽容积的 3/5～4/5。如果要除油，则往水中放适量中性洗涤剂；如果要除蜡，则根据首饰残蜡情况混合除蜡水。

（2）将需清洗的首饰放入水、中性洗涤剂或除蜡水溶液中，连接超声波清洗机电源，打开开关，根据首饰污浊情况选择适当的清洗时间，一般为 5～15 min。

（3）清洗完毕后关闭电源，因为超声波清洗机长期使用会使容器内溶液温度上升，所以用镊子将首饰取出，如果超声波清洗机机槽大，则可以在容器上方加上横杆，自制一些挂钩，一端将首饰件挂于挂钩上放入机槽中，另一端挂于横杆上，这样方便清洗完毕后取出。取出的首饰用清水冲洗干净，用风筒吹干。

（4）手工抛光首饰可以用蒸汽清洗机，以高压水蒸气冲刷首饰，使首饰清洗得更干净（见图 12-20）。

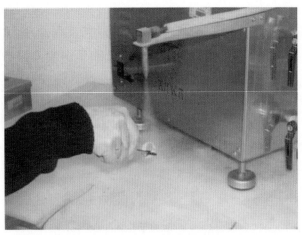

图 12-20　高温蒸汽清洗

第十三章　首饰制作传统工艺

我国金属表面工艺历史悠久，品种繁多，技艺精湛，风格独特，是中华民族璀璨的瑰宝，从最早的锤揲工艺，到现在品类繁多的金属打磨、抛光、着色技术，都是中华民族在金属艺术上的伟大成就，也是我国优秀文化传统的结晶。

一、錾刻工艺

錾刻工艺是金属工艺的一种，是用锤子击打形状各异的錾刀，在饰品表面上形成凸凹不一、深浅有致、或光或毛的线条和纹样的一种金属制作工艺（见图 13-1）。錾刻工艺最早出现在商代，历经各个朝代的技术演变，到清代，已经被广泛运用于各种金属工艺品上。錾刻工艺需要非常精细准确的刀法，我国的錾刻工匠基本集中在江南一带。我国目前使用錾刻工艺主要集中于少数民族地区，以云南、西藏、内蒙古和新疆最多。

图 13-1　錾刻工艺作品、錾刻操作

錾刻工艺用錾、抢等方法雕刻图案花纹，使图案花纹深浅有致，富有艺术感染力。錾刻工艺的艺术效果，有时为平面雕刻，有时花纹凹陷和凸起，呈浮雕状。金银器有了锤揲技术后，錾刻一直作为细部加工手段而使用，也运用在铸造器物的表面刻画上。

錾刻工艺分实作、錾作两部分。实作是素胎錾，是将金、银、铜板直接打制成自然形状或图案，做成工艺品。錾作是手工操作，操作时，一只手拿錾子，另一只手拿锤子，用錾子在素坯上走形，用锤子打錾子，边走边打纹样图案就出来了。然后经过各种精细的加工，使其凹凸有序，明暗清晰。

錾刻时，必须将加工对象固定于胶板上，方可进行操作。胶板一般是松香、大白粉和植物油，按一定比例配制后敷在木板上，使用时将胶烤软，铜、银等工件过火后即可贴附其上，冷却后方可进行錾刻，取下时只需加热便能脱开。

二、锤揲工艺

锤揲工艺是一项古老的金属制作工艺，是我国早期金银器最常见的工艺，也是最初级、最基本的工艺。锤揲工艺是利用金银质地较软、延展性强的特点，采用反复锤击使器物成型的方法，可以冷锻，也可以经过热处理。古时又称锻造、打制、打作，现在又称锻打工艺，绝大多数器物成型前必须经过锤揲(见图 13-2)。

锤揲工艺有两种基本方法:一种是自由锤揲法,另一种是"模冲"锤揲法。现在已经被液压技术、冲压技术、压片技术所取代。

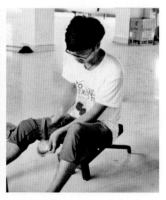

图 13-2　锤揲工艺作品、锤揲操作

三、花丝镶嵌工艺

花丝镶嵌工艺是我国传统工艺史上的一种独门绝技,综合了花丝与镶嵌两种工艺,从商周至今流传 4 000 年。明清两代是花丝镶嵌工艺的鼎盛时期。

花丝镶嵌工艺极其复杂,是将金、银等贵金属加工拉成 0.01 mm 细丝,再以堆垒、掐丝、编织等技艺把细丝掐成花丝,在底座上錾出吉祥图案,再镶嵌以珠宝玉石的工艺技法(见图 13-3)。花丝镶嵌有时还要"点翠",把翠鸟绿中闪蓝的羽毛贴在花丝的空白点上。

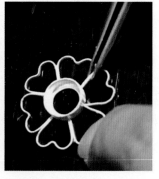

图 13-3　花丝镶嵌工艺作品、花丝镶嵌工艺操作

花丝镶嵌工艺的制作方法通常可分为堆、垒、编、织、掐、填、攒、焊八大工艺。其中掐、攒、焊为基本技法。八种方法各有绝技,运用得好坏往往决定了作品的质量和档次。

(1)堆即"堆灰",是用白芨和炭粉堆起来的胎被火烧成灰烬后飞掉,只剩下镂空的花丝空胎,所以称为"堆灰"。

(2)垒,即两层以上的花丝纹样合制为垒,垒还有叠的意思。使用垒的技法主要用于体现产品的立体效果。垒有两种做法:一种是在实胎上粘贴花丝纹样图,然后进行焊接;另一种是在部件的制作过程中用单独纹样垒叠成图案。

(3)编,即用一股或多股不同型号的花丝或素丝,按经纬线编成花纹。编丝的纹样很多,有席纹、小辫、人字、正方形等。编分立体编和平面编两种。平面编即编成一个平面做一个部件的装饰;立体编即直接编成所需产品,如编鱼篓、灯笼及各种球体等。

(4)织,即是单股花丝按照经纬原则表现纹样,通过单丝穿插制成纱的纹样,织的种类很少。

(5)掐,是花丝工艺的基本技法。花丝产品几乎所有的花纹图案都是手工制出来的。掐就是用铁制的镊子把花丝或者素丝掐制成各种花纹。掐丝的工序包括:膘丝—断丝和制丝—掐丝—剪坯。掐丝的方法有两种:掐丝和册丝。

(6)填,又称平填,即把轧扁的单股花丝或素丝填充在掐制好的纹样轮廓里。

(7)攒,即组装,攒活是制作花丝产品的一个关键工序,就是把用不同方法做成的单独纹样组装成所需的复杂纹样,再把这些复杂纹样组装到胎型上去,直到成活。组装分两个单独的步骤:半成品组装和成品组装。

(8)焊,即焊接,是花丝工艺的基础技法之一,也伴随着花丝的每一道工序。焊接的方法包括点焊、片焊和整焊。

四、鎏金工艺

鎏金工艺是一种金属表面加工工艺,亦称涂金、镀金。鎏金工艺是把金溶解到水银形成"金汞齐",涂在银或铜器表层,加热使水银蒸发,使金牢牢地附在器物表面不脱落的技术。鎏金工艺分通体鎏金和局部鎏金。

把黄金剪碎后,与水银按1∶7的比例在400 ℃的温度下使金溶化于水银之中,冷却后即成"金泥"。把金泥涂抹于器物表面,再用无烟炭火温烤,使水银蒸发,黄金就固留在器物的表面了(见图13-4)。

图13-4　鎏金工艺作品

现代镀金工艺的成熟,使得鎏金工艺失去了原有的地位。另外,鎏金工艺中汞蒸发对操作人员和环境污染严重,所以当代的鎏金首饰几乎绝迹。

五、珐琅工艺

珐琅在首饰中的应用历史悠久,其制作工艺精湛,色彩绚丽多样,一直是首饰制作中受人青睐的材料。珐琅工艺是一种瓷与金属结合的独特工艺,在抛光金属基板表面涂上一层玻璃光泽的珐琅,经过干燥、烧成,成为瑰丽多彩的工艺品。它既具备金属贵重、坚固的特点,又具备珐琅釉料晶莹、光滑及适用于装饰的特点。

珐琅工艺在我国最初兴盛于元末明初,那时我国有了成熟的冶金技术和玻璃、琉璃制作技艺,掌握了控制煅烧的温度,为珐琅工艺的发展创造了良好的条件。

珐琅作品主要包括画珐琅、掐丝珐琅、锤胎珐琅和錾胎珐琅。

(1)画珐琅。是用珐琅釉料直接在金属胎上作画,经烧制而成,富有绘画趣味,因此也称为珐琅画。

(2)掐丝珐琅。又名景泰蓝。掐丝珐琅制作工艺是先用铜作胎,而后用细铜丝轧扁后,以手工制成各种图案,或掐、或焊、或贴在胎体上,再加上五色珐琅釉料,经过烧制、磨光、镀金等多道工序(见图13-5)。

(3)锤胎珐琅。是金属胎珐琅工艺中的一种。在金属锤胎珐琅中,有部分作品刻意追求立体的宝石镶嵌效果。

(4)錾胎珐琅。就是将金属錾刻技法运用于具体的制作过程中。

图 13-5 珐琅工艺作品、珐琅工艺操作

六、嵌错工艺

嵌错工艺是我国古代的一种传统金属工艺,也称金银错、错金银。嵌错工艺是镶嵌工艺的一种形式。

嵌错工艺的制作是先将基体预刻凹槽,然后錾槽并加工錾凿精细的纹饰,再将金、银或其他金属丝、片镶嵌到凹槽内,最后用锉刀修整,使金丝或金片与铜器表面自然平滑。用于漆器装饰的金银平脱工艺也是错金银工艺的一种特殊形式(见图13-6)。

图 13-6 嵌错工艺作品

七、点翠工艺

点翠工艺是传统的贵金属制作工艺,是首饰制作中的一个辅助工种,起着点缀美化金银首饰的作用。点翠工艺是金属工艺和羽毛工艺的完美结合,它和鎏金、珐琅一样,是我国的

国宝之一。用点翠工艺制作出的首饰,光泽感好,色彩艳丽,而且永不褪色(见图13-7)。

图13-7　点翠工艺作品

翠,就是翠鸟的羽毛,翠鸟比较大的羽毛叫硬翠,翠鸟比较细小的羽毛叫软翠。由于翠鸟的羽毛光泽感好,色彩艳丽,再配上金边,做成的首饰佩戴起来可以产生更加富丽堂皇的装饰效果。自古的帝王服装、皇后的凤冠,就采用翠鸟羽毛作为装饰。

八、金箔工艺

金箔是我国特有的传统工艺品,历史悠久,是中华民族民间传统工艺的瑰宝。因为黄金性质稳定,不变色,抗氧化、防潮湿、耐腐蚀、防变霉、防虫咬、防辐射,用黄金制作的金箔有广泛的用途。

古法制作金箔是先将金提纯,再经过千锤百炼的敲打,成为面积2.5 cm^{2}的金叶,然后夹在煤油熏炼成的乌金纸里,再经过6~8 h的手工锤打,使金叶成箔,面积相当于金叶的40倍左右,再裁剪成方形。纸的发明,使古老的金箔得到了进一步的深化,从厚度为0.2 mm的金片,发展到今天的0.12 μm的金箔,薄如蝉翼(见图13-8)。

图13-8　金箔工艺操作

九、贴金工艺

贴金工艺是一种传统、特殊的工艺,在包金工艺还没有诞生时,贴金与包金是同一意思,它是将很薄的金箔包贴在器物外表,起保护、装饰作用(见图13-9)。贴金工艺就是将金片、金箔根据需要裁剪出各种形状,用黏结剂贴于器物上的装饰性工艺。

图 13-9   贴金工艺作品、贴金工艺操作

十、包金工艺

包金工艺与贴金工艺相似,即事先把黄金锤成金箔,然后根据所要装饰的器物或器物的某个部位进行剪裁,有的还压印有花纹(见图 13-10)。最后将剪裁好的金箔包贴于器物之上。与贴金工艺不同的是,包金工艺无须黏结剂。

图 13-10   包金工艺作品

参考文献

[1] 杨如增,廖宗廷.首饰贵金属材料及工艺[M].上海:同济大学出版社,2002.
[2] 余建宏.机械工程材料[M].北京:中国电力出版社,2005.
[3] 劳动和社会保障部教材办公室.金属材料与热处理[M].北京:中国劳动社会保障出版社,2001.
[4] 徐植.贵金属材料及首饰制作[M].上海:人民美术出版社,2014.
[5] 蒋喆.国检珠宝培训中心系列丛书:珠宝首饰设计概论[M].北京:地质出版社,2012.
[6] 吴绒,孙剑明,陈化飞.珠宝首饰设计概论[M].北京:化学工业出版社,2017.
[7] 叶金毅,陆莲莲.设计魅力:珠宝首饰设计方略[M].上海:上海科学技术出版社,2015.
[8] 李尚婕,李季.首饰设计[M].北京:中国轻工业出版社,2014.
[9] 张晓燕.首饰艺术设计[M].2版.北京:中国纺织出版社,2017.
[10] 王渊,罗理婷.珠宝首饰绘画表现技法[M].上海:上海人民美术出版社,2017.
[11] 张莹.珠宝设计手绘表现技法专业教程[M].北京:人民邮电出版社,2018.
[12] 徐禹.JewelCAD首饰设计高级技法[M].北京:中国轻工业出版社,2017.
[13] 叶未.贵金属首饰加工与制作技术[M].昆明:云南科技出版社,2012.
[14] 黄云光,王昶,袁军平.首饰制作工艺学[M].武汉:中国地质大学出版社,2015.
[15] 刘道荣,丛桂新,王玉民.珠宝首饰镶嵌学[M].武汉:中国地质大学出版社,2011.